Takemore Chagomoka

O uso das comunidades pelas empresas de sementes na produção de sementes em África

Takemore Chagomoka

O uso das comunidades pelas empresas de sementes na produção de sementes em África

Um caso do Zimbabué

ScienciaScripts

Imprint
Any brand names and product names mentioned in this book are subject to trademark, brand or patent protection and are trademarks or registered trademarks of their respective holders. The use of brand names, product names, common names, trade names, product descriptions etc. even without a particular marking in this work is in no way to be construed to mean that such names may be regarded as unrestricted in respect of trademark and brand protection legislation and could thus be used by anyone.

Cover image: www.ingimage.com

This book is a translation from the original published under ISBN 978-3-659-86462-9.

Publisher:
Sciencia Scripts
is a trademark of
Dodo Books Indian Ocean Ltd. and OmniScriptum S.R.L publishing group

120 High Road, East Finchley, London, N2 9ED, United Kingdom
Str. Armeneasca 28/1, office 1, Chisinau MD-2012, Republic of Moldova, Europe
Managing Directors: Ieva Konstantinova, Victoria Ursu
info@omniscriptum.com

Printed at: see last page
ISBN: 978-620-8-53072-3

ÍNDICE DE CONTEÚDOS

AGRADECIMENTOS

Gostaria de agradecer a todas as empresas de sementes e aos pequenos agricultores que participaram na minha investigação, pois sem eles os resultados desta dissertação não teriam sido bem sucedidos.

Agradecemos sinceramente ao Sr. Aaron Masina pelas suas críticas construtivas, orientação e encorajamento ao longo do estudo.

Quero também expressar a minha sincera gratidão à Sra. Tsvere por ter fornecido informações sobre Métodos de Investigação.

Os meus sinceros agradecimentos à minha mulher Reginah e ao meu filho Morevictory pelo seu apoio, tolerância e encorajamento durante o período de estudo

QUE O DEUS TODO-PODEROSO VOS ABENÇOE RICAMENTE A TODOS!!!

DEDICAÇÃO

Este estudo é dedicado ao meu filho de quatro anos, Morevictory.

RESUMO

O estudo procurou saber até que ponto as empresas de sementes utilizam as comunidades na produção de sementes. Este estudo baseou-se numa abordagem positivista. O investigador realizou um inquérito para determinar os pontos de vista da direção e do pessoal das empresas de sementes e dos pequenos agricultores no Zimbabué. Foi adoptada uma técnica aleatória simples porque assegurava que todos os inquiridos tinham a mesma possibilidade de serem incluídos na amostra. Um total de 150 questionários foram enviados aos inquiridos deste estudo. A maioria dos pequenos agricultores e as empresas de sementes não estão envolvidos no programa de produção de sementes com base na comunidade. Os critérios de seleção do programa de base comunitária são fracos, pois não têm em conta os conhecimentos técnicos dos agricultores a serem envolvidos, uma vez que a afiliação política é usada como critério principal. Os pequenos agricultores podem não estar a receber qualquer formação das empresas de sementes no que diz respeito à produção de sementes, o que tem efeitos negativos sobre o crescimento e a eficácia da produção comunitária de sementes. As empresas de sementes devem ser consciencializadas sobre a importância de envolver os pequenos agricultores na produção de sementes. Para que a produção comunitária de sementes seja bem sucedida e eficaz, a capacidade dos agricultores deve ser reforçada através de acções de formação que melhorem os conhecimentos técnicos dos agricultores e também disponibilizem insumos (fertilizantes a tempo) de modo a aumentar a produção por hectare. O estudo apresenta uma área de estudo adicional para investigar os efeitos do envolvimento das empresas de sementes na eficácia do programa de produção de sementes de base comunitária.

CAPÍTULO 1

1.0 INTRODUÇÃO

1.1 CONTEXTO DO ESTUDO

A agricultura contribui significativamente para a maioria das economias dos países em desenvolvimento. Mais de 70% da população da região da Comunidade para o Desenvolvimento da África Austral (SADC) depende da agricultura para a segurança alimentar do agregado familiar, meios de subsistência e rendimentos (Sentimela, Monyo e Banzinger, 2004). No Zimbabué contribui com cerca de 80% do Produto Nacional Bruto. De particular interesse para a segurança alimentar é a semente. A semente melhorada é um insumo importante em todos os sistemas agrícolas baseados em culturas, e é um fator chave para determinar o limite superior do rendimento e, portanto, a produtividade final de todos os outros insumos (Maredia e Howard, 1998; Cromwell, 1990; Ministério da Agricultura e Cooperativas, 1997). Vários países em desenvolvimento foram confrontados com uma escassez crítica de sementes, especialmente durante a época de 2007/8. Países como o Zimbabué e Moçambique importaram sementes para colmatar a escassez de sementes.

As sementes são um importante catalisador para o desenvolvimento da agricultura. A disponibilidade de sementes de qualidade é a base da produção e produtividade alimentar e o precursor da diversificação de culturas e alimentos - um objetivo perseguido por muitos governos da região. Os esforços para melhorar o desempenho do sector agrícola devem incluir a produção de sementes e os sistemas de distribuição (Sentimela, Monyo e Banzinger, 2004)

Na maioria dos países em desenvolvimento, a maior parte das sementes tem sido produzida por agricultores comerciais, deixando de fora os agricultores de pequena escala. No entanto, alguns países em desenvolvimento começaram a utilizar agricultores de pequena escala na produção de sementes. Em 1990, a Tanzânia deixou de depender de empresas públicas e, desde então, tem direcionado mais interesse para a produção privada de sementes por pequenos agricultores (Mtenga, Magayane, Mattee e Miles, 1990). O movimento relatado que a Tanzânia adoptou não prevaleceu em todos os países em desenvolvimento. Em

No Zimbabué houve uma grande mudança na distribuição de terras e na agricultura desde o início da reforma agrária em 1999. Os pequenos agricultores no Zimbabué não têm sido efetivamente utilizados na produção de sementes pelas casas de sementes e aqueles que foram contratados para produzir sementes têm estado envolvidos na comercialização lateral das sementes. O envolvimento das comunidades na produção de sementes tem potencial para melhorar o fornecimento de sementes e melhorar o bem-estar dos próprios agricultores.

O estudo investigará os factores que afectam a utilização das comunidades pelas empresas de sementes e a forma como as comunidades contribuem para a indústria nacional de sementes.

1.2 DECLARAÇÃO DE INVESTIGAÇÃO

A indústria de sementes do Zimbabué tem vindo a enfrentar um declínio na produção de sementes desde o início do novo milénio. Desde o início do novo milénio e o início da reforma agrária, a base de produtores passou de agricultores comerciais para agricultores comunitários de subsistência. O Governo do Zimbabué tem importado sementes de outros países africanos, como a Zâmbia e a África do Sul. Os pequenos agricultores do Zimbabué não têm sido efetivamente utilizados na produção de sementes pelas casas de sementes e os que foram contratados para produzir sementes têm estado envolvidos na comercialização lateral das sementes.

1.3 OBJECTIVOS DA INVESTIGAÇÃO

1. Verificar até que ponto as empresas de sementes utilizam as comunidades na produção de sementes. ii. Avaliar os critérios usados na seleção de produtores pelas empresas de sementes.

iii. Determinar a contribuição dos pequenos agricultores para a produção de sementes.

iv. Recomendar aos decisores políticos e às empresas de sementes a contribuição das comunidades para o sector das sementes

1.4 QUESTÕES DE INVESTIGAÇÃO

i. Até que ponto é que as empresas de sementes utilizam as comunidades na produção de sementes?

ii. Que critérios utilizam as empresas de sementes na seleção dos produtores?

iii. Qual é a contribuição das comunidades para o sector das sementes?

iv. Que recomendações sobre a contribuição dos pequenos agricultores para a produção de sementes pode dar aos decisores políticos e às empresas de sementes?

1.5 SIGNIFICADO DO ESTUDO

Os resultados do estudo e as recomendações servirão para colmatar a lacuna existente na literatura, uma vez que a literatura existente revela pouco sobre a utilização dos pequenos agricultores pelas empresas de sementes na produção de sementes nos países em desenvolvimento. Os resultados do estudo também beneficiarão os investigadores e consultores neste domínio com material de estudo e as empresas de sementes e agências de desenvolvimento agrícola também beneficiarão se adoptarem as recomendações que serão feitas no final deste estudo.

1.6 PRESSUPOSTOS DO ESTUDO

i. Os inquiridos fornecerão informações exactas e pertinentes

ii. O estudo receberá o máximo de cooperação por parte dos inquiridos.

iii. A situação prevalecente no sector agrícola manter-se-á até ao final do estudo.

iv. Os instrumentos de recolha de dados devem ter fiabilidade e validade adequadas.

1.7 LIMITAÇÕES DO ESTUDO

- O Zimbabué pode não ser uma verdadeira representação dos países em desenvolvimento.
- Pode haver limitações de tempo para cobrir todo o país de modo a obter resultados que se assemelhem à verdadeira situação no terreno.
- O estudo pode também ter limitações orçamentais para fazer face a todas as questões logísticas do estudo.

1.8 ÂMBITO DA INVESTIGAÇÃO

O estudo será realizado em todas as empresas de sementes registadas e nos pequenos agricultores do Zimbabué. Os inquiridos do estudo serão o pessoal e a direção das sedes das empresas de sementes registadas e os pequenos agricultores selecionados no Zimbabué. A investigação abrangerá o período de 2000 a 2008.

1.9 DEFINIÇÃO DE TERMOS

COMUNIDADES: Isto refere-se a todos os pequenos agricultores que trabalham com casas de sementes na produção de sementes.

EMPRESAS DE SEMENTES: Trata-se de entidades especializadas na produção e distribuição de sementes.

PRODUÇÃO DE SEMENTES: Trata-se do processo de produção e multiplicação de sementes certificadas.

1.10 ESBOÇO DE INVESTIGAÇÃO

Este estudo será apresentado em cinco capítulos. O Capítulo 1 é a introdução à investigação, o Capítulo 2 (Revisão da Literatura) revê a literatura relacionada com a produção comunitária de sementes. A literatura revista será utilizada na análise crítica dos resultados do estudo. O Capítulo 3 (Metodologia) apresenta a metodologia de realização do estudo. O Capítulo 4 (Resultados e Discussão) apresenta os resultados do estudo e a discussão dos mesmos. O Capítulo 5 apresenta as conclusões e as recomendações do estudo que decorrem diretamente dos resultados da investigação. Além disso, o capítulo apresenta a área sugerida para investigação futura, conforme demonstrado pelos resultados do estudo

CAPÍTULO 2

2.0 REVISÃO DA LITERATURA

2.1 INTRODUÇÃO

O capítulo apresenta a literatura sobre a produção de sementes e os diferentes sistemas de sementes. Os modelos de produção de sementes também são apresentados neste capítulo. Isto constituirá o ponto crucial sobre o qual serão discutidos os resultados do estudo.

2.2 SISTEMAS DE SEMENTES

Os sistemas de sementes podem ser formais ou informais/locais (Jones, Audi e Freeman, 2001). Monyo et al (2003) afirmam que os sistemas formais consistem geralmente em instituições de investigação do sector público, agências do sector público e privado que produzem e comercializam sementes, e organizações responsáveis pela certificação de sementes e controlo de quantidades. O sistema informal consiste num grande número de agricultores que produzem variedades tradicionais e modernas, comercializam a sua própria produção e cuidam das suas próprias necessidades de investigação (Lechner, 1996). A maior parte dos sistemas de sementes apoiados pelo governo e pelos doadores em África fazem parte do sistema formal. Dentro do sector formal, operam dois modelos de sistemas de semente:

i. **Modelo estatal/parestatal:** Os investigadores fornecem sementes de reprodutores a uma agência estatal ou para-estatal para serem multiplicadas nas quintas estatais ou através de produtores de sementes contratados. Todas as actividades, incluindo a limpeza, processamento e comercialização das sementes, são realizadas por agências estatais.

ii. **Modelo do sector privado:** O sector privado desempenha um papel importante. Os investigadores fornecem sementes de seleção para serem multiplicadas em sementes de base e comerciais. O processamento e a comercialização das sementes são efectuados por empresas privadas e cooperativas de agricultores.

Na maioria dos países em desenvolvimento, o sector formal é muito mais pequeno do que o sector informal de sementes. Este último é a maior fonte de materiais de plantação para os pequenos agricultores na África Austral, servindo mais de 90% das suas necessidades de semente (Rohrbach, 2002). Consequentemente, haveria ganhos muito grandes se as estratégias para melhorar a qualidade da semente proveniente deste sector fossem devidamente concebidas e implementadas. De acordo com Mbwele, Lumbadia e Sichilima (2000), as Organizações Não Governamentais (ONG) já fizeram investimentos substanciais em esquemas de multiplicação de sementes baseados na comunidade, que fazem parte do sector informal. A assistência deve ser orientada para melhorar a eficiência destes investimentos, ajudando as ONG a melhorar o controlo da qualidade e a comercialização das sementes. Especificamente, os programas de sementes das ONG poderiam receber apoio técnico para efetuar

- Avaliação das variedades e seleção dos melhores genótipos.
- Manutenção das variedades melhoradas atualmente cultivadas, bem como dos novos genótipos selecionados.
- Desenvolvimento de materiais de formação para ajudar os agricultores a produzir sementes geneticamente puras de cultivares da sua escolha.

O sistema informal de sementes pode ser o mais apropriado em (1) áreas remotas, onde os distribuidores de sementes têm dificuldades de acesso e os agricultores não conseguem chegar facilmente aos mercados de sementes e de produtos; (2) uma zona agro-ecológica estreita, onde o mercado de sementes é limitado e as variedades amplamente comercializadas podem não ser adequadas; ou (3) áreas onde as principais culturas têm taxas de sementeira muito elevadas, implicando custos de transporte elevados para deslocar grandes quantidades de sementes por distâncias consideráveis.

2.3 PRODUÇÃO DE SEMENTES NAS ALDEIAS

De acordo com o CIMMYT (1987), a Tanzânia tem atualmente um grave défice na produção de sementes de milho certificadas. Menos de um terço da procura efectiva de sementes híbridas é satisfeita pela TANSEED. A indústria de sementes existente é incapaz de fornecer aos camponeses uma quantidade suficiente e atempada de sementes de milho melhoradas. Além disso, as sementes disponíveis são híbridas e demasiado caras. Friis-Hansen (1988) afirma que uma variedade competitiva de milho composto adequada para as terras altas, da qual o agricultor pode reter as sementes durante 4-7 anos sem uma redução inaceitável do rendimento potencial, foi lançada pelos criadores de plantas em 1987. A produção ainda não foi retomada pela indústria de sementes.

2.3.1 Descentralização

O conceito de produção de sementes nas aldeias baseia-se em modos de produção descentralizados e tecnologicamente apropriados como complemento, ou mesmo alternativa, à reabilitação do atual modo de produção centralizado e intensivo em capital financiado por doadores (Ebro, 2001). Ferguson (2003) afirma que a produção de sementes nas aldeias pode ser realizada através do estabelecimento de explorações agrícolas de pequena escala que possam produzir sementes melhoradas suficientes para satisfazer as necessidades da comunidade local. Estas explorações podem ser geridas de forma privada por grupos de agricultores mais abastados ou sob controlo comunitário. Tripp (2001) afirma que as explorações descentralizadas de sementes podem ser abastecidas anualmente com sementes de base das estações de investigação/indústria de sementes, e podem concentrar as suas actividades na multiplicação e comercialização de sementes para a comunidade. Acrescenta que durante a estação de crescimento, as explorações de sementes baseadas nas aldeias devem receber conselhos de extensão das unidades descentralizadas de inspeção de sementes. Quando se familiarizarem com as técnicas, os agricultores podem assumir a manutenção da reprodução dos compostos melhorados e, assim, tornarem-se auto-suficientes com sementes de base. Jones, Audi e Freeman (2001) argumentam que isto requer que os agricultores sejam treinados para manter a estabilidade da população de plantas e para evitar a erosão genética causada pela polinização cruzada. As melhorias necessárias às técnicas de seleção de sementes existentes, retenção através da seleção em massa, podem ser ensinadas aos agricultores numa semana de formação.

2.3.2 Um modelo sustentável

Requer uma boa gestão agrícola para se obterem rendimentos elevados de sementes de qualidade, mas isto não implica necessariamente a mecanização por trator ou a necessidade de equipamento de capital intensivo. Uma exploração de sementes baseada numa aldeia pode depender de bois de tração para a lavoura, a monda e o transporte local. O processamento das culturas, a aplicação de fungicidas nas sementes e o seu acondicionamento em sacos podem ser efectuados ao nível da aldeia, utilizando tecnologias já conhecidas de mão de obra intensiva. As sementes de milho compostas melhoradas poderiam ser produzidas e consumidas na mesma área local, reduzindo assim drasticamente os custos de transporte, que constituem atualmente a maior parte do preço atual das sementes. A preços de 1988, o custo estimado de produção de milho composto melhorado pelas explorações de sementes baseadas nas aldeias é 10 vezes inferior ao preço de consumo das sementes híbridas (Friis-Hansen, 1988). As explorações de sementes baseadas nas aldeias poderiam constituir um modelo sustentável para assegurar um abastecimento suficiente e estável de sementes melhoradas.

2.3.3 Estratégias para melhorar o sistema de sementes local/informal

Apesar dos investimentos maciços na investigação do melhoramento vegetal, a taxa de adoção de sementes melhoradas na África Subsariana continua a ser inferior a 5%, em parte devido à ineficiência dos sistemas locais de sementes (FAO, 2003). É raro encontrar variedades modernas criadas em estações de investigação a serem passadas para o sector informal para multiplicação e venda, como uma parte essencial da política nacional de sementes. No entanto, é o sector informal que detém a chave para melhorar a produtividade das culturas entre os pequenos agricultores. Reconhecendo este facto, algumas nações da região promulgaram políticas que permitem o fluxo suave de tais sementes para a comunidade agrícola (Cromwell, 1990).

O governo da Tanzânia, em colaboração com a Dinamarca, está a implementar um programa de produção de sementes nas explorações agrícolas durante 10 anos (1998-2007), com o objetivo de reforçar o sector informal das sementes. No âmbito deste programa, o sistema formal fornecerá sementes iniciais de várias culturas, que serão depois multiplicadas e disseminadas através do sistema informal. A semente inicial é de pedigree conhecido (ou seja, uma variedade aprovada), de modo a manter a identidade e a pureza genéticas. A semente produzida pelo programa após a multiplicação é denominada "Qualidade Declarada" (Mbwele et al. 2000): a responsabilidade pela qualidade é do produtor de semente. O controlo oficial da qualidade é mínimo; a Agência Oficial de Certificação de Sementes da Tanzânia (TOSCA) inspecciona apenas 10% da colheita.

De acordo com Lechner (1996), a qualidade das sementes do sector informal utilizadas pelos pequenos agricultores pode ser melhorada de várias formas:

• Formar os agricultores para uma melhor seleção, tratamento e armazenamento de sementes das suas próprias explorações. A semente guardada é muitas vezes a mais apropriada, certamente para os agricultores que não podem comprar sementes. A formação ajudá-los-á a aumentar a produção através de uma melhor utilização da sua própria semente guardada.

• Encorajar os agricultores a fazer a sua própria seleção de variedades tradicionais, a multiplicar e armazenar sementes dessas variedades e a vender essas sementes de qualidade de variedades tradicionais a outros agricultores. Esta estratégia é mais adequada para os agricultores capazes de alguma experimentação e que são utilizadores potenciais das variedades modernas. Inicialmente, devem ser encorajados a estabilizar as variedades que eles próprios selecionaram. Trata-se de agricultores com recursos limitados, mas que vivem em zonas de potencial médio a elevado.

• Desenvolver variedades modernas nas estações de investigação e produzir sementes de boa qualidade destas variedades através de canais formais ou informais - o que fornecer sementes de boa (ou aceitável) qualidade a preços acessíveis. Esta estratégia funcionará melhor para os agricultores que podem ser persuadidos a comprar insumos, desde que a semente esteja disponível a preços que esses agricultores considerem valer o risco. O ICRISAT e os seus parceiros estão a implementar várias estratégias na Tanzânia (Rohrbach et al. 2002) e no Zimbabué (Monyo et al.2003).

Estas estratégias são sustentadas pela garantia de um fornecimento fiável de semente reprodutora e de base, que é depois vendida aos produtores de semente, e pelo fornecimento de conselhos sobre a multiplicação de semente de base para gerar semente comercial. Os custos podem ser mantidos baixos se esta semente não for processada e não for certificada (Monyo et al. 2003). Pouca investigação foi feita nesta área para validar o valor acrescentado da "certificação" vs. "etiqueta verdadeira", para além do potencial genético comprovado. Destas estratégias, as duas primeiras tratam do melhoramento de variedades tradicionais e não dependem de qualquer interação entre os sistemas formal e informal.

O terceiro constitui uma ponte que liga os sistemas formal e informal. O germoplasma (semente de seleção/semente base) vem do sistema formal e as actividades subsequentes são realizadas no sistema informal (Simfukwe, 2006). As agências governamentais podem ajudar o sector informal de muitas formas, sendo a mais importante fornecer acesso à semente básica, aconselhamento de extensão sobre a produção, processamento, tratamento e armazenamento de semente, e um quadro legal que permita a comercialização de semente "verdadeiramente rotulada" e semente "de qualidade declarada" (Manyo e Mgonja, 2003). Isto facilitará o crescimento de empresários de pequena escala no sector informal de sementes. Referido como o "modelo descentralizado baseado nos produtores", nesta abordagem o envolvimento dos investigadores na cadeia de sementes pára na produção de semente reprodutora/e ou de base. Esta semente é vendida aos agricultores que realizam actividades a jusante de multiplicação, colheita, secagem, processamento, armazenamento e comercialização. Cumpre todos os requisitos técnicos da notificação de uma variedade, mas não é "certificada"

2.3.4 Fornecimento de sementes pelo sector comercial/privado

Na medida em que o principal constrangimento aos investimentos do sector comercial é a incerteza contínua sobre o nível de procura de sementes, o ICRISAT e os seus parceiros estão a implementar projectos especiais que visam ligações com empresas de sementes para as ajudar a estimar melhor a procura (ICARDA, 1994). Estes incluem a venda de sementes em pequenas embalagens ou a monitorização de vendas sob estratégias alternativas de preços de retalho. O sector privado tem o capital inicial e a capacidade para fazer a diferença na disponibilidade de sementes. O Programa de Melhoramento de Sorgo e Milhete (SMIP) do ICRISAT trabalha com o sector privado para facilitar o serviço às comunidades de pequenos agricultores.

Gribles (1992) observa que o ICRISAT assegura que o sector privado tenha acesso a reservas de sementes de boa qualidade de reprodutores/fundações, fornecendo estas sementes diretamente, se não puderem ser obtidas localmente a partir da investigação do sector público. Trabalha também com o sector privado para melhorar a rede de venda a retalho rural de sementes de variedades de polinização aberta (OPV) (sorgo, milho-miúdo, feijão-frade, amendoim e feijão bóer) e para testar a procura de sementes melhoradas nas comunidades rurais onde estas culturas são importantes. Maredia e Howard (1998) afirmam que as empresas são motivadas pelo lucro, e normalmente negoceiam apenas pequenos volumes para as culturas menos lucrativas (OPVs). As empresas de sementes na África Austral não investiram no desenvolvimento de redes de retalho rurais para outras culturas que não o milho híbrido, alegando incerteza sobre o nível de procura de sementes OPV.

Além disso, os retalhistas rurais não têm interesse em armazenar sementes de culturas de subsistência. Como resultado, é impossível obter sementes puras de OPVs, exceto nas grandes áreas urbanas. Isto limita severamente a adoção de novas variedades. Embora os grandes agricultores comerciais na África do Sul, Zâmbia e Zimbabué estejam a produzir milho híbrido e sementes de sorgo, mexoeira, feijão-frade, amendoim, feijão bóer e até mesmo OPVs de milho, muitas sementes só são produzidas em antecipação de emergências de alívio da seca (Mbwele, Lumbadia e Sichilima, 2000). As empresas privadas e as ONGs preocupam-se com o facto de esta procura não ser consistente. Várias ONGs na África Austral produzem atualmente sementes de OPV, mas a sustentabilidade destes programas está ameaçada pela falta de estratégias de comercialização. Quase toda a semente de sorgo e de milho-miúdo adoptada pelos agricultores nos dois países visados na Fase 4 do SMIP (Moçambique e Tanzânia) provém de programas de distribuição de semente gratuitos ou altamente subsidiados, geridos por governos e ONGs. A disponibilidade comum desta semente subsidiada limita ainda mais os incentivos comerciais para desenvolver mercados de sementes rurais (Jones et al. 2001). No entanto, os pequenos agricultores geralmente citam a falta de acesso à semente como a principal razão para a não adoção de novas variedades.

O SMIP iniciou um projeto piloto para testar a procura comercial de sementes de OPVs de sorgo, mexoeira, amendoim e girassol nos mercados rurais quando entregues em pequenas embalagens de sementes - uma secção transversal de 5 kg, 2 kg, 1 kg e 500 g. Todas foram vendidas a preços que reflectem os custos totais de embalagem e distribuição (Monyo et al. 2003 no prelo). Os resultados deste estudo estão a ser usados para encorajar um investimento privado mais amplo no desenvolvimento do comércio rural de sementes. Isto deve contribuir diretamente para acelerar a adoção de novas variedades. O programa piloto de pequenos pacotes não contribuiu, por si só, significativamente para a melhoria das taxas de adoção destas culturas no Zimbabwe, devido aos baixos volumes envolvidos. No entanto, se o esquema acabar por ser bem sucedido e as empresas privadas envolvidas aumentarem os volumes de sementes através deste canal, terá sido alcançado um avanço importante (Monyo e Mgonja, 2003). Em última análise, o SMIP tentará ver se esta pode ser uma via importante para a distribuição de sementes melhoradas comercialmente a pequenos agricultores na região da SADC.

2.4 PRODUÇÃO DE SEMENTES E SISTEMAS DE CULTIVO

2.4.1 Culturas predominantemente de autopolinização

De acordo com Tripp (2001), as sementes de culturas de autopolinização, como o arroz, podem ser multiplicadas por agricultores com alguma formação, com pouco risco de misturas, uma vez que os tipos estranhos podem ser facilmente removidos. As distâncias de isolamento requeridas são mínimas e não é necessário estabelecer fábricas de processamento de sementes dispendiosas ou unidades de certificação de sementes. Mwaisela (2000) acrescenta que as sementes de seleção podem ser vendidas a potenciais produtores de sementes e o sistema de sementes pode ser informal. Contudo, é necessário estabelecer um quadro legal que permita a venda de sementes não certificadas mas "verdadeiramente rotuladas" de variedades notificadas.

2.4.2 Culturas predominantemente de polinização cruzada

As culturas de polinização cruzada, como o milho, são mais difíceis de gerir, uma vez que é mais difícil detetar os subtipos. São necessárias distâncias de isolamento maiores (mais de 300 metros). Uma opção é selecionar bons produtores de sementes que possam gerir a cultura adequadamente, registar as suas parcelas e certificar apenas as sementes produzidas nessas parcelas (Jones et al, 2001). Estes podem ser agricultores contratados que produzem para empresas privadas do sector público. O ICRISAT está a usar com sucesso esta abordagem, onde os pequenos agricultores produzem sementes sob contrato para uma empresa privada de sementes. Ferguson (2003) propõe que uma alternativa é encorajar o desenvolvimento de um sistema informal de sementes no qual os agricultores desenvolvem fé na qualidade das sementes produzidas quando podem ver a parcela de sementes e convencer-se de que as sementes são da qualidade correta.

Outra abordagem do ICRISAT usa aldeões progressistas ou instituições da aldeia, tais como escolas primárias, para introduzir novas variedades no sistema de sementes da aldeia (Monyo et al. 2003). Tal estratégia tem como objetivo estimular a competição entre os agricultores, alguns dos quais poderiam eventualmente emergir como produtores de sementes respeitáveis. Onde o sistema de cultivo é dominado por OPVs e os agricultores usam a sua própria semente armazenada, uma combinação destas abordagens, com ênfase num sistema de semente informal descentralizado, satisfaria as necessidades da maioria dos pequenos agricultores.

2.4.3 Culturas com elevada taxa de sementes e baixa taxa de multiplicação

O sector formal tem mostrado pouco ou nenhum interesse na multiplicação de sementes para culturas como o amendoim, com altas taxas de sementeira e baixas taxas de multiplicação (Lechner, 1996). Os custos de transporte, processamento, ensacamento e certificação tornam a semente demasiado cara para os agricultores comprarem. Para estas culturas, a forma mais económica seria produzir sementes da variedade notificada e vendê-las à comunidade local sem incorrer nos custos adicionais de processamento e certificação.

2.4.4 Ligações do sistema de sementes à investigação e à extensão

Bondreau (1998) afirma que dois factores determinam a procura de sementes de variedades modernas pelos agricultores: (1) interesse dos agricultores nas novas variedades, e (2) se o sistema de sementes é apropriado para a cultura e variedades, e prático para os agricultores.

A extensão efectiva é importante. A extensão desempenha um papel crucial na formação dos produtores na produção de sementes e é, portanto, um pré-requisito para o estabelecimento de um sistema de sementes, particularmente sistemas informais, onde os produtores precisam de formação em vários aspectos da produção de sementes (Tripp, 2001). Tal como é difícil para um sistema de sementes ser eficaz na ausência de extensão, é igualmente difícil para os produtores adoptarem as recomendações da extensão na ausência de um sistema de sementes que satisfaça os seguintes critérios:

- Abrange todas as culturas que a maior parte dos agricultores pratica.
- As variedades são apropriadas e dotadas de caraterísticas críticas. Por exemplo, para os pequenos agricultores em áreas de alto risco, a estabilidade do rendimento é mais importante do que o rendimento em si (Monyo et al, 2003).
- O ambiente político e jurídico deve permitir a libertação regular de novas variedades, com sementes de alta qualidade.
- O sistema deve ser compatível com o nível de desenvolvimento agrícola. Por exemplo, em situações em que a maior parte dos agricultores são pobres e em que faltam infra-estruturas, não é desejável criar um sistema sofisticado que envolva demasiadas instituições antes de estarem criadas as "bases" (Jones et al, 2001). O sistema deve ser apoiado por serviços de investigação e de extensão eficazes; disponibilidade de factores de produção como fertilizantes, pesticidas, crédito agrícola; e um sistema eficaz de comercialização de produtos de base.

2.4.5 Factores biológicos e técnicos afectam o interesse comercial na produção de diferentes tipos de sementes.

As caraterísticas biológicas e técnicas de produção de uma cultura (por exemplo, caraterísticas reprodutivas, taxa de sementeira, fator de multiplicação, taxa de deterioração varietal) afectam a rentabilidade da semente e o nível de interesse comercial na investigação, produção, multiplicação, processamento e distribuição de sementes (Jafee e Srivastava, 1994). Mwaisela (1999) acrescenta que a semente melhorada pode assumir duas formas, variedades de polinização aberta (OPVs) e híbridos. As OPVs são mais estáveis (ou seja, degeneram menos rapidamente) do que os híbridos, que devem ser substituídos anualmente. Na maioria dos casos, os híbridos produzem mais do que as OPVs e tendem a ser mais sensíveis aos fertilizantes, mas a produção de sementes é tecnicamente mais exigente e dispendiosa. As grandes empresas de sementes promovem o uso de sementes híbridas porque devem ser compradas anualmente, mas podem ser demasiado caras para os pequenos agricultores usarem em culturas menos comercializadas.

A multiplicação e as taxas de sementeira são outros factores importantes que afectam a rentabilidade das sementes. As culturas com factores de multiplicação elevados (como o milho, sorgo e mexoeira) são menos dispendiosas de gerir: são necessárias menos multiplicações e há menos quantidades para processar, armazenar, transportar e distribuir em cada fase (Rusike et al, 1997). As baixas taxas de sementeira significam que o volume de sementes vendidas aos agricultores individuais também é baixo. As empresas podem normalmente compensar o baixo volume cobrando preços de sementes mais elevados , uma vez que o custo das sementes para os agricultores é uma proporção relativamente pequena dos custos totais de produção por hectare. Por outro lado, as leguminosas para grão são caracterizadas por factores de multiplicação baixos e taxas de sementeira elevadas, e estas são consequentemente as culturas menos atractivas para as grandes empresas de sementes centralizadas (Mbwele et al, 2000). O exemplo extremo é o amendoim, que tem um fator de multiplicação de menos de 10 e uma taxa de sementeira de 125 kg por hectare. Estas culturas de sementes volumosas são mais susceptíveis de serem produzidas por empresas de sementes localizadas que podem minimizar os custos de transporte em cada fase.

Está a surgir um sistema de sementes de três níveis na Zâmbia.

No primeiro nível, os sectores de sementes com margens de lucro elevadas e vendas anuais de sementes elevadas e regulares, tais como o milho híbrido, o girassol e (em menor grau) o sorgo híbrido, são agora dominados por várias grandes empresas com recursos financeiros e técnicos para levar a cabo programas privados de investigação e extensão (Mpofu, 2000). Estas empresas cruzam linhas consanguíneas dos seus programas internacionais de melhoramento e selecionam híbridos adaptados com base no seu desempenho em ensaios e demonstrações realizados em colaboração com investigadores governamentais e privados, extensionistas e ONG (Mwaisela, 2000). Os ensaios concentram-se em áreas agrícolas de elevado potencial ao longo das principais vias de transporte. As sementes híbridas são multiplicadas por um grupo de elite de agricultores mecanizados em grande escala.

No segundo nível, os retornos financeiros da investigação privada (com fins lucrativos) sobre amendoim e OPVs de milho e sorgo são demasiado baixos para atrair grandes empresas de sementes, mas as empresas nacionais emergentes e as ONGs de orientação comercial mostraram interesse (Tripp, 2001). Os volumes de vendas de milho e sorgo de polinização aberta são baixos e erráticos; os agricultores guardam as suas próprias sementes e habituaram-se a receber sementes gratuitas através de programas de alívio da seca. As vendas de sementes de amendoim também são irregulares, mas os volumes são substanciais devido à elevada taxa de sementeira. De acordo com Mwaisela (2000), na Zâmbia, pequenas empresas nacionais e ONGs estão a começar a testar variedades, a formar produtores locais de sementes e a desenvolver nichos de mercado para estes produtos de sementes.

Mbwele et al (2000) afirmam que no terceiro nível estão as ONGs e as organizações de agricultores que efectuam a seleção de variedades ao nível da aldeia, a produção de sementes e a conservação de germoplasma em culturas de subsistência com pouca intenção comercial. Por exemplo, a COMMUTECH no Zimbabué fornece apoio técnico aos pequenos agricultores na seleção de sementes, controlo de doenças, isolamento de culturas de campo, e armazenamento de sementes adaptado a produtos específicos, e promove a conservação *in situ* e a manutenção da biodiversidade (Mpofu, 2000).

2.5 PRINCIPAIS CONDICIONALISMOS DA PRODUÇÃO DE SEMENTES

2.5.1 Procura limitada por parte dos pequenos agricultores

Rusike et al (1997) afirmam que a adoção pelos pequenos agricultores de sementes melhoradas (especialmente sorgo e amendoim) é limitada pela procura comercial limitada destes produtos, pela falta de informação sobre os benefícios da utilização de novas tecnologias e pelo acesso inadequado a novas sementes. Ebro (2001) argumenta que os programas pré-reforma forneceram incentivos poderosos para a adoção de milho híbrido e fertilizantes pelos pequenos agricultores, embora se tenham tornado financeiramente insustentáveis. Ele observa que os programas educaram os pequenos agricultores sobre as vantagens de rendimento do milho híbrido e dos fertilizantes e ligaram diretamente os pequenos agricultores aos mercados de insumos e produtos. Os insumos melhorados eram fornecidos a crédito (subsidiado) através de depósitos cooperativos locais, sendo o pagamento deduzido no final da época, quando o agricultor comercializava.

Na sequência das reformas que eliminaram estes programas de comercialização e outros subsídios aos organismos para-estatais de sementes, a semente comercial parece cara, difícil de obter e a sua utilização é arriscada devido aos mercados de produtos pouco desenvolvidos (Fergus e Seth, 19990). Com o declínio dos serviços de extensão na maioria dos países, na sequência de cortes orçamentais, os pequenos agricultores não têm hoje uma fonte fiável de informação sobre os benefícios das variedades melhoradas.

2.5.2 Elevados custos de arranque para a produção de sementes.

As empresas de milho híbrido e de sorgo podem tirar proveito de uma rede estabelecida de produtores de sementes comerciais de grande escala, mas as empresas e ONGs interessadas em OPVs devem primeiro formar pequenos produtores de sementes (Rohrbach et al, 1997). Os custos de formação e supervisão são muito mais elevados para os pequenos produtores de sementes dispersos do que para as empresas de grande escala com hectares de sementes sob a gestão de um agricultor.

2.5.3 A criação de canais de comercialização nas zonas rurais é dispendiosa.

As empresas de sementes a todos os níveis consideram dispendioso chegar aos clientes fora das principais zonas agrícolas servidas por boas estradas. São evidentes quatro problemas: (1) os custos de transporte são elevados (especialmente na Zâmbia) devido à deficiente rede de estradas rurais; (2) os comerciantes rurais não têm formação técnica que lhes permita aconselhar os agricultores sobre as variedades adequadas, as taxas de sementeira, as datas de plantação e o armazenamento correto das sementes; (3) os comerciantes não têm competências contabilísticas e de gestão de crédito; e (4) os incumprimentos de crédito, tanto por parte dos comerciantes como dos agricultores, são um problema porque os contratos de reembolso não são aplicados pelo sistema jurídico estatal (Mbwele et al, 2000).

2.5.4 Programas de ajuda às sementes mal orientados.

Ferguson (2003) argumenta que o desenvolvimento de canais comerciais para a semente também tem sido dificultado pela distribuição contínua de semente gratuita ou subsidiada através de programas de alívio da seca financiados pelo governo e por doadores. Jones et al (2001) acrescenta que estes programas nem sempre são bem direcionados para produtos e áreas onde há pouca atividade comercial existente ou potencial. Assim, competem com os canais comerciais e entre si e enviam sinais contraditórios aos agricultores. Por exemplo, na Zâmbia, três programas funcionaram nas mesmas zonas durante 1995-96: A Zambia Seed Company tentou vender sementes de milho a dinheiro através de distribuidores a nível distrital, o Programa contra a Malnutrição distribuiu sementes de milho para serem pagas em géneros no fim da época, e outras ONG e o Ministério da Agricultura, Alimentação e Pescas ofereceram sementes (Mwaisela, 1999).

2.5.5 Regulamentos governamentais inconsistentes e mal aplicados.

De acordo com Jean (1988), a implementação de reformas facilitou a diversificação do sector de sementes, encorajando o crescimento de muitos tipos diferentes de empresas de sementes com fins lucrativos e cooperativas. Gribles (1992) afirma que muitos regulamentos governamentais ainda estão orientados para as grandes empresas de sementes de primeira linha e que, com orçamentos reduzidos, as agências públicas de sementes não conseguem desempenhar eficazmente estas funções regulamentares para um conjunto alargado de empresas de sementes. Existem três problemas. Primeiro, várias mudanças não oficiais e por vezes contraditórias foram feitas nos instrumentos estatutários que afectam o sector da semente por diferentes agências nos últimos anos (por exemplo, uma carta enviada pelo Ministério da Indústria e Comércio do Zimbabwe em 1989 avisava as empresas que já não podiam vender semente de milho de polinização aberta), mas não foram formalmente codificadas e estão a criar confusão e a impedir o desenvolvimento do sector. Segundo, a certificação da semente é obrigatória para todas as culturas no Zimbabwe (mas não na Zâmbia) (Mpofu, 2000). A certificação obrigatória limita a multiplicação e distribuição de semente de OPVs porque os seus baixos rendimentos de semente e margens de lucro não podem absorver os custos de inspecções rigorosas e frequentes necessárias para cumprir as normas de certificação.

Em terceiro lugar, cortes orçamentais profundos tornaram difícil para as agências públicas de sementes desempenharem as funções reguladoras de forma atempada, mas as agências públicas têm sido lentas a reorganizar-se de modo a que mais funções sejam delegadas ao sector privado com supervisão da agência pública (Cromwell, 1990). Os longos atrasos na emissão de certificados de análise de sementes levaram várias empresas de sementes do Zimbabué a começar (ilegalmente) a auto-certificar as suas sementes (Tripp, 2001).

2.6 ESTRATÉGIAS PARA MELHORAR O DESEMPENHO DO SECTOR DAS SEMENTES

2.6.1 Reduzir os custos de aprendizagem para as novas empresas de sementes.

Várias ONGs na Zâmbia (por exemplo, CARE, ENDA, COMMUTECH), em parceria com o serviço público de extensão, estão a ajudar as organizações de sementes de primeira, segunda e terceira linha a reduzir os custos de transação para lidar com os pequenos produtores de sementes, lojistas rurais e clientes rurais, através de (1) fornecimento de ligações aos NARS e centros de investigação internacionais para obter informação e sementes de variedades apropriadas; (2) formando e supervisionando os agricultores na produção, seleção, armazenamento e comercialização de sementes; (3) fornecendo formação básica sobre sementes e contabilidade aos lojistas rurais; e (4) examinando a solvabilidade dos lojistas rurais, fornecendo capital de giro para os stocks de insumos e agregando as encomendas a serem preenchidas pelas grandes empresas fornecedoras de insumos (Simfukwe, 2006). O governo e a comunidade de doadores devem apoiar estas actividades, mas também garantir que as organizações de sementes não se tornem dependentes da ajuda subsidiada. O programa CARE AGENT no Zimbabué, por exemplo, identifica e forma comerciantes rurais e inicialmente garante crédito para os stocks de insumos, mas "gradua" os comerciantes para o crédito dos fornecedores o mais rapidamente possível.

2.6.2 Incentivar o desenvolvimento de mercados de sementes.

Mukuyo (1994) argumenta que um primeiro passo para encorajar o desenvolvimento de mercados de sementes seria descontinuar a distribuição direta de sementes de ajuda para produtos que estão disponíveis comercialmente e, em vez disso, fornecer aos agricultores vales para comprarem sementes localmente. Em segundo lugar, poderia ser disponibilizado financiamento para permitir que os comerciantes de produtos de base criassem esquemas de produção de sementes por conta de outrem, no âmbito dos quais os comerciantes forneceriam sementes melhoradas, outros factores de produção, aconselhamento em matéria de extensão e supervisão às associações de agricultores (Lechner, 1996). Bondreau (1998) acrescenta que os agricultores poderiam reembolsar os factores de produção com uma quantidade específica de sementes na altura da colheita e manter a opção de vender a colheita ao comerciante ou no mercado livre. As associações mais experientes poderiam eventualmente candidatar-se a financiamento como um grupo, contratar assistência de extensão e inspecções de certificação, conforme necessário, e oferecer o produto da semente para venda através da bolsa nacional de mercadorias.

Em terceiro lugar, as empresas de sementes podem reduzir os seus custos e riscos comercializando ativamente os subprodutos do processamento de sementes. Por exemplo, uma vez que a percentagem de descasque de sementes de amendoim é tão baixa, a Zimbabwe's Seed Company formou uma subsidiária para descascar e processar todos os amendoins para sementes comercializadas pela Seed Company e para processar todos os subprodutos a serem vendidos a empresas de processamento de óleo e de amendoim de confeitaria (Mpofu, 2001).

2.6.3 Expandir os mercados para os produtos de base dos pequenos agricultores.

De acordo com Ferguson (2003), o aumento da procura de variedades melhoradas pelos pequenos agricultores depende, em última análise, da expansão do mercado pós-colheita de produtos tradicionalmente produzidos por pequenos agricultores, como a mapira, o amendoim e o milheto. As indústrias de ração animal e de cerveja já estão a utilizar sorgo produzido por agricultores em grande escala (Manyo e Mgonja, 2003). Alguns moageiros de pequena escala estão a experimentar a produção de alimentos para o desmame de sorgo e de milho-miúdo já processados. Poderiam ser disponibilizados financiamentos preferenciais a empresários dispostos a aceder aos cereais do sector dos pequenos agricultores e a desenvolver mercados nacionais e internacionais para novos produtos.

2.6.4 Reforçar a investigação e a extensão públicas e privadas para os pequenos produtores de produtos de base.

A redução drástica dos orçamentos governamentais após o ajustamento estrutural reduziu drasticamente a capacidade do governo na investigação, extensão e regulamentação da semente (Rusike et al, 1997). Enquanto as grandes empresas internacionais de sementes têm os recursos para montar os seus próprios programas de investigação e extensão, os pequenos produtores de sementes não têm. As ONGs estão atualmente a atuar como ligações técnicas entre os pequenos produtores de sementes e os serviços de extensão, os NARS e os centros de investigação internacionais, mas a sustentabilidade destas actividades é questionável (Mwaisela, 1999). É vital que os serviços básicos de investigação e extensão (fornecidos diretamente pelo sector público ou contratados pelo governo ao sector privado) sejam mantidos para os produtos e áreas marginais que provavelmente não serão servidos pelo sector privado com fins lucrativos num futuro próximo, incluindo o milho de polinização aberta, sorgo e amendoim. Mbwele et al (2000) referem que a chave para melhorar a investigação e a extensão nestas áreas será aumentar a responsabilidade dos serviços de investigação e extensão perante os agricultores clientes.

2.6.5 Racionalizar os regulamentos e funções do sector público das sementes.

Tripp (2001) recomenda que se abandone a certificação obrigatória para todas as culturas e que se adopte um sistema de multiplicação e distribuição de sementes a dois níveis. No primeiro nível, as sementes de base seriam multiplicadas em sementes certificadas sob as condições rigorosas e altamente controladas atualmente exigidas pelas autoridades de sementes e disponibilizadas para venda direta. Jones et al (2001) afirmam que, na segunda fase, a semente do primeiro nível seria agrupada por agricultores individuais e grupos de agricultores em aldeias locais, sob a inspeção de extensionistas, e comercializada como semente normal. Ferguson (2003) argumenta que a remoção da certificação obrigatória de sementes e dos requisitos restritivos de licenciamento comercial permitirá a produção formal de sementes de qualidade de milho, sorgo e amendoim de polinização aberta por pequenos agricultores e a venda entre agricultores vizinhos. Além disso, as empresas de sementes serão capazes de envolver mais facilmente os pequenos agricultores na produção de sementes por contrato.

Na maioria dos países, incentivar o desenvolvimento de laboratórios privados de ensaio de sementes e concentrar os esforços do sector público na monitorização dessas instalações, em vez de realizar os ensaios, melhoraria a função reguladora (Mpofu, 2000). Tripp (2001) argumenta que também se deve efetuar uma revisão abrangente dos regulamentos do sector de sementes para resolver conflitos e eliminar os regulamentos que impõem uma carga financeira desnecessária às empresas de sementes, por exemplo, o requisito do Zimbabwe de que as sementes exportadas tenham um Certificado Laranja, quer este seja ou não exigido pela empresa compradora ou pela autoridade importadora. Deve ser impresso um documento que incorpore todas as emendas oficiais à legislação de sementes existente.

2.6.6 Execução dos contratos.

Um dos legados infelizes dos programas de apoio ao milho durante a década de 1980 é uma atitude laxista em relação ao reembolso do crédito e ao cumprimento dos contratos entre agricultores e empresas no Zimbabué e na Zâmbia (Mwaisela, 1999). Para que os mercados de factores de produção e de produtos orientados para o mercado se desenvolvam, o reforço do sistema judicial e a redução dos custos de execução dos contratos são prioridades urgentes.

2.7 O SECTOR INFORMAL DAS SEMENTES

De acordo com Ebro (2001), o sector informal de sementes é constituído por operações de sementes não regulamentadas e não controladas e é largamente representado por esforços de seleção e multiplicação de sementes nas explorações agrícolas pelos próprios agricultores, trocas de sementes entre agricultores e utilização de material de plantação guardado da colheita anterior e reservado para sementes durante o ciclo de cultivo seguinte. Acrescenta que o sector é caracterizado pela ausência de intervenções de organizações externas, divorciado da investigação e do controlo de qualidade da semente, confinado a sementes que o sector formal não considera lucrativo, dependente de cultivares tradicionais e desprovido de qualquer infraestrutura sofisticada. Monyo e Mgonja (2003) afirmam que, durante décadas, o sector foi negligenciado pelos programas nacionais de sementes, apesar de fornecer cerca de 90% das necessidades totais de sementes em África, e na SADC em particular. Juntamente com o recente reconhecimento do potencial deste sector para melhorar o fornecimento de sementes, surgiu uma miríade de esforços, nacionais, internacionais e de ONGs para fortalecer o sector. Mas é importante evitar embarcar em intervenções no sector que tenham a probabilidade de o alterar de tal forma que deixe de apresentar as vantagens que atualmente o tornam atrativo e preferido pela maioria dos pequenos agricultores (Simfukwe, 2006).

2.7.1 Actividades em curso no sector

A maioria dos países da SADC considera a questão do sector informal um fenómeno novo, apesar da sua longa história. Isto deve-se em grande parte à negligência oficial no passado, que resultou na escassez de informação sobre as necessidades, actividades, resultados e caraterísticas do sector (Mbwele et al, 2000). Na África do Sul, por exemplo, não existe praticamente nenhuma estratégia desenvolvida para satisfazer as necessidades deste sector, uma vez que o país esteve muito dependente de um sector agrícola comercial dinâmico no passado. É importante sublinhar que a assistência ao sector informal na África do Sul não deve diminuir a eficácia do sector comercial na alimentação desse país e de outros (Tripp, 2001). Talvez na África do Sul a ênfase deva ser colocada na criação das condições necessárias para permitir que o sector formal de sementes incorpore mais sementes requeridas pelos pequenos agricultores. Ele argumenta que há claramente uma necessidade de visitas de intercâmbio para permitir que os funcionários e trabalhadores sul-africanos do sector das sementes adquiram as competências necessárias dos países vizinhos, a fim de satisfazer as necessidades do sector informal das sementes com que as autoridades se confrontam.

No Malawi, Zâmbia, Zimbabué e Tanzânia, as ONGs e alguns projectos apoiados por doadores têm sido os mais activos neste sector, formando os agricultores em multiplicação simples e melhorada de sementes nas explorações agrícolas, onde o novo elemento de ligação à investigação e ao controlo de qualidade está a ser gradualmente introduzido, com apoio da extensão (Jones et al, 2001). Ebro (2001) afirma que outras actividades são os sistemas comunitários de produção de sementes, os armazéns e bancos de sementes das aldeias, a assistência para melhorar a utilização das culturas, as práticas de armazenamento melhoradas, bem como a educação sobre métodos simples para garantir e controlar a qualidade das sementes.

As intervenções potenciais incluem:

- Formação em metodologias de produção, armazenamento, distribuição e utilização de sementes;
- Organização de grupos que partilham objectivos comuns, como a introdução de culturas e a escolha de culturas;

- Estabelecimento de ligações com a investigação, a extensão e o controlo de qualidade;
- Organização de armazéns comunitários de produção de sementes/bancos de sementes; e
- Organização de pequenos empresários de sementes.

Embora o serviço de extensão desempenhe um papel ativo nas actividades de apoio ao sector informal, a liderança tem sido principalmente assegurada pelas ONG, como já foi referido. As ONG reconhecem a necessidade de adotar abordagens participativas e sensíveis ao género para ajudar o sector (Ferguson, 2003). Maredia e Howard (1998) observam que, na África do Sul, o governo, o sector privado e o Conselho de Investigação Agrícola (ARC) prestam assistência ao sector informal através de vários programas, entre os quais se destacam a assistência ao sector dos pequenos agricultores afectados pela seca e a assistência aos projectos especiais Peace Gardens do ARC para a melhoria da agricultura de pequena escala.

Noutros países, os esforços das ONG estão a ser complementados com programas de doadores e nacionais. Na Zâmbia, deverá arrancar em breve um projeto do PNUD com a duração de 3 anos, destinado a desenvolver um programa de produção de sementes para pequenos agricultores. O GTZ e o FINIDA têm estado activos em actividades semelhantes, tal como um projeto em curso do PNUD sobre leguminosas alimentares. Na Tanzânia, a DANIDA vai lançar em breve um projeto destinado a aumentar a produção de sementes nas explorações agrícolas a nível nacional (Bondreau, 1998).

Em alguns países, onde a situação do sector informal não foi estudada e é, por conseguinte, mal compreendida, o sector é autorizado a desempenhar o seu papel tradicional sem deixar que o impeçam, como na Namíbia, nas Maurícias, no Lesoto e na Suazilândia (Tripp, 2001). Em Angola e Moçambique, a guerra dizimou de tal forma a agricultura que o sector informal praticamente desapareceu devido à deslocação maciça dos agricultores. Embora Moçambique tenha feito rápidos progressos no restabelecimento da multiplicação de sementes nas explorações agrícolas, é evidente que uma vasta gama de germoplasma indígena se perdeu irremediavelmente (Simfukwe, 2006). Em Angola, a recuperação só agora começou, mas ainda é dificultada por problemas de segurança contínuos que colocam uma grande responsabilidade sobre o governo e as ONGs para serem os principais fornecedores de sementes a curto e médio prazo.

2.7.2 Fontes de variedades

De acordo com Lechner (1996), a força do sector informal reside principalmente na manutenção e multiplicação de cultivares locais que são as mais adaptáveis à zona de cultivo. Tais cultivares são geralmente mais tolerantes à seca, às pragas e às doenças, possuem o tipo de planta preferido, a cor da semente e têm atributos culinários e de palatabilidade preferidos pelo consumidor. Por conseguinte, a principal fonte de sementes no sector informal é a própria parcela do agricultor.

Bondreau (1998) argumenta que existe uma tendência para a incorporação de variedades desenvolvidas pela investigação com base na obtenção de um dos seguintes atributos que podem constituir um constrangimento nas cultivares locais:

- curto período de maturação e tolerância à seca;
- resistência a pragas e doenças;
- rendimento elevado; e
- Aptidão para a agro-transformação.

A aceitação de tais novas variedades dependerá do facto de as outras caraterísticas preferidas encontradas nas cultivares locais terem sido ou não comprometidas (FAO, 2001). Quando novas culturas estão a ser introduzidas para o agricultor, a introdução de variedades modernas é mais fácil, uma vez que pode haver poucas cultivares locais de bom desempenho para comparar. As ONGs, em colaboração com a extensão, têm sido as mais activas no esforço de introduzir

sementes melhoradas no sector informal (Mpofu, 2001). Ele acrescenta que tais esforços foram bem sucedidos quando foram efectuados bons ensaios e demonstrações nas explorações agrícolas. Em última análise, é o agricultor que decide. E, contrariamente à opinião popular, o agricultor não é avesso à mudança, mas sim à mudança cega. Quando ele ou ela reconhece um material superior que tem vantagens sobre o seu, a mudança é rápida e efectiva (Jones et al, 2001). De facto, mesmo sem intervenções, sabe-se que os agricultores adoptam sementes melhoradas que eles próprios experimentaram, ou cujo desempenho na exploração do vizinho avaliaram e consideraram superior.

2.7.3 Problemas de produção de sementes no sector informal

Rohrbach et al (1997) afirmam que, de acordo com os padrões do sector formal, a maioria dos peritos refere como principais problemas de produção no sector informal os seguintes

- falta de isolamento, de desbaste e de armazenamento correto, o que conduz à falta de pureza;
- Controlo insuficiente das pragas no campo e no armazenamento, o que conduz a uma possível acumulação de pragas e doenças;
- conhecimentos insuficientes em matéria de produção de sementes;
- utilização inadequada dos factores de produção agrícola;
- métodos inadequados de tratamento das sementes;
- fracas oportunidades de comercialização, especialmente para as culturas introduzidas;
- suprimindo a procura de sementes;

- crédito agrícola inadequado para adquirir as instalações necessárias e efetuar as práticas necessárias necessárias para um trabalho de qualidade;
- falta de coordenação entre as ONG envolvidas no sector informal, o que leva a mensagens contraditórias;
- ausência de orientações políticas oficiais para o sector informal, privando-o do necessário apoio oficial e dos recursos necessários; e/ou
- fraco apoio à extensão devido, em grande parte, à falta de conhecimentos sobre o sector, bem como a um apoio logístico insuficiente para chegar aos agricultores com mensagens relevantes.

2.7.4 Situação da disponibilidade de sementes

Embora não existam registos fiáveis sobre as quantidades de sementes que passam pelo sector informal, é evidente que, em circunstâncias normais, este gera o suficiente para satisfazer plenamente as necessidades dos agricultores que dele dependem (ICARDA, 1994). Rusike et al (1997) afirmam que é a ocorrência de catástrofes como secas, inundações, furacões/ciclones e conflitos civis que perturba o delicado equilíbrio entre a colheita consumível e as sementes guardadas pelos agricultores. No entanto, ultimamente, o declínio da fertilidade do solo, como já foi mencionado, tende a introduzir alguma permanência na escassez de sementes no sector informal, uma vez que cada vez menos da colheita armazenada fica para além das necessidades de subsistência dos agricultores.

Ebro (2001) afirma que a fonte mais importante de sementes é a semente guardada pelo agricultor pelas seguintes razões

- o agricultor não tem de pagar em dinheiro nem de se deslocar para o obter;
- o agricultor conhece a cultivar que está a plantar e, muito provavelmente, confia no seu desempenho comprovado; e
- pode não existir um sistema de abastecimento organizado para a semente em causa.

A segunda fonte mais importante de sementes é a semente guardada do vizinho, que é trocada ou comprada por razões semelhantes. A terceira fonte importante de sementes no sector informal é o grão comprado no mercado local (Tripp, 2001). Uma vez que a última categoria não foi especificamente preparada para servir de semente, representa a maior ameaça em termos de viabilidade, doença e outras qualidades físicas e genéticas indesejáveis, sendo por isso uma fonte de último recurso.

De acordo com o CIMMYT (1987), as questões de disponibilidade de sementes no sector informal dependem principalmente de:

- como garantir uma disponibilidade sustentável em situações de emergência;
- como melhorar os sistemas de produção, transformação, armazenamento e comercialização;
- como melhorar a qualidade das sementes;
- como introduzir as vantagens relevantes do melhoramento vegetal moderno; e
- como estabelecer rapidamente a produção de sementes por pequenos agricultores para culturas tradicionais e recém-introduzidas que o sector formal não considera suficientemente atractivas para investir.

As observações das actividades de projectos assistidos por ONGs e doadores na Zâmbia indicam que é necessário desenvolver técnicas de produção de sementes mais sustentáveis para culturas recentemente introduzidas, se os agricultores-alvo não quiserem ficar dependentes das sementes fornecidas pelo projeto (Mwaisela, 1999).

2.8 CONCLUSÃO DO CAPÍTULO

Este capítulo apresenta a literatura sobre a produção de sementes e os diferentes sistemas de sementes. Os modelos de produção de sementes também são apresentados neste capítulo. O próximo capítulo apresentará a metodologia do estudo e as justificações necessárias.

CAPÍTULO 3

3.1 METODOLOGIA DE INVESTIGAÇÃO

3.2 INTRODUÇÃO

Esta secção do estudo apresenta a metodologia que será adoptada para este estudo. O capítulo abordará principalmente os projectos de investigação, a população do estudo, os métodos de amostragem e os instrumentos de investigação.

3.3 CONCEPÇÃO DA INVESTIGAÇÃO

Várias autoridades tentaram definir a conceção da investigação de várias formas. Bryman (1988) define um projeto de investigação como uma série de decisões prévias que, no seu conjunto, constituem um modelo de como será conduzida a investigação para responder às questões de investigação (Bryman, 1988). Pode ser considerado como um plano para orientar a recolha de dados, o processamento de dados e a transmissão e análise de informações. Zikmund (1997) define a investigação como a procura, através de processos metódicos, de aumentar o próprio corpo de conhecimentos e, espera-se, o de outros, através da descoberta de factos e percepções não triviais. Fraenkel e Wallen (1996) definem uma conceção ou método de investigação como uma abordagem sistemática e ordenada adoptada para a recolha de dados, de modo a que se possa obter informação a partir desses dados. Saunders et al (1997) consideram que existem duas abordagens de investigação, a que chamam positivismo e fenomenologia.

3.3.1 Qualitativo

McPhail (2001) defende que a metodologia qualitativa se centra no processo social e na forma como os indivíduos moldam e dão sentido ao mundo social. A compreensão e a interpretação destes significados estão na base da metodologia qualitativa. Aludem ainda ao facto de a metodologia qualitativa ser uma abordagem de investigação em que a realidade social é múltipla, divergente e inter-relacionada.

3.3.2 Quantitativo

Na abordagem quantitativa, as teorias e os conceitos tendem a surgir do inquérito. Surgem após a recolha de dados e não antes dela. Nesta abordagem, a recolha e a análise de dados não estão rigidamente separadas. Uma primeira fase de recolha de dados é seguida de uma análise, cujos resultados são utilizados para decidir quais os dados que devem ser recolhidos a seguir (Bulmer, 1986).

A abordagem de conceção quantitativa será adoptada para este estudo porque (Judd, Smith e Kidder, 2001): educa o investigador sobre as diferentes tradições de investigação, ajuda o investigador a escolher a abordagem adequada que funcionará para uma determinada investigação e permite que o investigador tome decisões mais informadas sobre a conceção da investigação, em vez de se concentrar simplesmente nos métodos através dos quais os dados são recolhidos e analisados. Além disso, a investigação de abordagem quantitativa permite a medição de variáveis e a comparação de grupos relativamente a essas variáveis, ou o exame da força da relação entre duas ou mais variáveis. A convicção aqui é que a objetividade no processo de recolha de dados é fundamental. Quem repetisse este estudo ou utilizasse os mesmos instrumentos e métodos deveria obter aproximadamente os mesmos números.

3.4 POPULAÇÃO DO ESTUDO

A população é o grupo de interesse para o investigador. Fraenkel e Wallen, (1996) explicam que é sobre este grupo que o investigador generalizará os resultados do estudo. A população inclui todos os indivíduos sobre os quais o investigador está interessado em obter informações e fazer inferências. A população pode ser dividida em duas categorias: a população-alvo e a população de estudo (Fraenkel e Wallen, 1996). A população-alvo é a população real para a qual o investigador gostaria realmente de generalizar. No entanto, esta população raramente está disponível. Por conseguinte, a população para a qual o investigador é capaz de generalizar é a do estudo (Saunders et al, 1997).

A definição da população é importante porque ajuda o investigador a selecionar uma amostra para estudo (Labovitz e Hagedorn, 1976). A população do estudo é constituída por todos os funcionários e gestores das empresas de sementes registadas e por todos os pequenos agricultores do Zimbabué.

3.5 AMOSTRAGEM E TÉCNICAS DE AMOSTRAGEM

Ferber (1974) definiu uma amostra como uma pequena parte de qualquer coisa destinada a mostrar o estilo, a qualidade e a natureza do todo. O objetivo de uma amostra é aproximar a medida de toda a população suficientemente bem, dentro de limites aceitáveis.

Existem dois métodos para obter uma amostra. Saunders et al (1997) referem que a amostragem aleatória (probabilística) garante que a probabilidade de cada caso ser selecionado da população é conhecida e é geralmente igual para todos os casos. Por outro lado, a amostragem não aleatória (não probabilística) é tal que a probabilidade de cada caso ser selecionado da população total é desconhecida e não pode responder a perguntas que exijam inferências estatísticas sobre as caraterísticas da população.

3.5.1 AMOSTRAGEM PROBABILÍSTICA

Na amostragem probabilística, é possível especificar a probabilidade de uma unidade de amostragem ser selecionada da população. Esta secção apresenta alguns dos métodos de amostragem probabilística.

3.5.1.1 Amostragem aleatória simples

Este método implica a seleção aleatória, a partir de uma lista da população, do número necessário de unidades da amostra (De Vaus, 1990). Podem ser utilizadas tabelas de números aleatórios ou um computador para a seleção aleatória das unidades. Se for corretamente conduzida, dá a cada unidade a mesma possibilidade de ser incluída na amostra e também torna igualmente prováveis todas as combinações possíveis de unidades para uma determinada dimensão de amostra.

3.5.1.2 Amostragem sistemática

A amostragem sistemática consiste em escolher aleatoriamente um ponto de partida na base de amostragem e, em seguida, escolher cada n^(a) unidade (Marsh, 1992). Para que a amostra seja representativa, este método baseia-se no facto de a lista estar organizada de uma forma não relacionada com o objeto de estudo. No entanto, este método apresenta certas particularidades estatísticas. Enquanto a probabilidade inicial de seleção de qualquer unidade é a mesma, uma vez escolhida a primeira unidade, a maioria das unidades não tem qualquer possibilidade de inclusão e algumas serão automaticamente selecionadas. Do mesmo modo, a maior parte das combinações de unidades é excluída das amostras possíveis que podem ser selecionadas.

3.5.1.3 Amostragem estratificada

A amostragem estratificada implica a divisão da população num certo número de grupos ou estratos, em que os membros de um grupo partilham uma ou mais caraterísticas específicas De Vaus (1990). Em seguida, procede-se a uma amostragem aleatória dentro dos estratos. A teoria da amostragem mostra que, nalguns casos, a amostragem estratificada pode ser mais eficiente do que a amostragem aleatória simples. Isto deve-se ao facto de, para uma determinada dimensão da amostra, as médias das amostras estratificadas estarem provavelmente mais próximas da média da população (Marsh, 1992). Isto acontece quando existe uma quantidade relativamente pequena de variabilidade em qualquer caraterística que esteja a ser medida dentro do estrato, em comparação com a variabilidade entre estratos.

3.5.1.4 Amostragem por conglomerados

A amostragem por conglomerados envolve a divisão da população num certo número de unidades ou conglomerados, cada um dos quais contém indivíduos com uma série de caraterísticas (Moser e Kalton, 2001). Os próprios grupos são escolhidos de forma aleatória. A subpopulação dentro do agrupamento é então escolhida. Este método é particularmente útil quando a população está muito dispersa e é grande, exigindo um grande esforço e deslocações para obter as informações do estudo. A amostragem por conglomerados tem a particularidade de poder ser utilizada quando a base de amostragem não é conhecida.

3.5.2 AMOSTRAGEM NÃO PROBABILÍSTICA

Trata-se de qualquer plano de amostragem em que não é possível especificar a probabilidade de uma unidade ser incluída na amostra. Alguns dos métodos de amostragem não probabilística são resumidos a seguir.

3.5.2.1 Amostragem de quotas

Turner e Martin (1996) afirmam que, na amostragem por quotas, a estratégia consiste em obter representantes dos vários elementos de uma população, geralmente nas proporções relativas em que estes ocorrem na população. A utilização comum do termo "representantes" na amostragem por quotas deve ser abordada com cuidado. São representativos apenas em número, não em termos do tipo de unidades efetivamente selecionadas. Todos os meios de recolha de amostras por quotas estão sujeitos a enviesamentos. Um planeamento cuidadoso, a experiência e a persistência podem ajudar a resolver os enviesamentos óbvios.

3.5.2.2 Amostragem por conveniência

A amostragem conveniente consiste em escolher as unidades mais próximas e mais convenientes para servirem de inquiridos até se atingir a dimensão da amostra necessária (De Vaus, 1990). Este é provavelmente um dos métodos de amostragem mais utilizados e menos satisfatórios. O termo "amostra acidental" é por vezes utilizado, mas é enganador, uma vez que implica um certo sentido de aleatoriedade, quando todos os tipos de enviesamentos e influências, em grande parte inespecíficos, são susceptíveis de afetar quem é objeto de amostragem.

3.5.2.3 Amostragem com base em juízos de valor

O princípio de seleção na amostragem por julgamento é o julgamento do investigador quanto à tipicidade ou ao interesse (Moser e Kalton, 2001). É criada uma amostra que permite ao investigador satisfazer as suas necessidades específicas num projeto. A lógica desta abordagem é muito diferente da generalização estatística da amostra para a população. Trata-se de uma abordagem habitualmente utilizada nos estudos de caso.

3.6 SELECÇÃO DE AMOSTRAS

Este estudo baseou-se numa amostra de 250 indivíduos, ou seja, a direção e o pessoal das casas de sementes registadas no Zimbabué e os pequenos agricultores do Zimbabué. Foi aplicado o método de seleção por amostragem probabilística, especificamente a amostragem estratificada, para obter os pontos de vista de todos os elementos da população visada. Os estratos da amostra incluíram a direção e o pessoal das casas de sementes registadas e os pequenos agricultores. Este método de amostragem garante que todos os níveis de gestão e de pessoal estão representados no estudo e torna os resultados da investigação representativos da população em estudo. No estrato da direção e do pessoal, o investigador teve acesso à base de dados dos recursos humanos e recolheu os nomes e os números dos empregados, bem como o nome da sucursal da direção e do pessoal das vinte e uma casas de sementes registadas no Zimbabué, a partir da base de dados nas suas sedes. Os nomes foram exportados para uma folha de cálculo Excel, onde lhes foram atribuídos códigos únicos em relação aos ramos em que a direção e o pessoal trabalham. Os nomes foram selecionados aleatoriamente pelo computador e indicaram 100 (cem) pessoas a quem foram enviados os questionários. Os questionários foram distribuídos a estas pessoas à medida que iam chegando ao trabalho. Este estudo foi efectuado nas sedes das casas de sementes. De acordo com Dillion et al (1990) e Saunders et al (1997), uma amostra bem planeada e administrada constitui uma alternativa perfeita à recolha de dados junto de toda a população. Os 150 pequenos agricultores foram selecionados aleatoriamente das áreas comunais nas dez províncias do Zimbabwe, numa base de "primeiro a chegar, primeiro a ser servido". A amostragem aleatória foi utilizada porque dá a todos a oportunidade de serem selecionados.

3.7 INSTRUMENTOS DE INVESTIGAÇÃO

A investigação recolheu dados através de questionários estruturados. Este método foi utilizado para captar a informação desejada e, consequentemente, para produzir resultados de qualidade. O questionário foi utilizado como instrumento de recolha de dados devido à sua aplicabilidade ao desenho da investigação por inquérito (Zikmund, 1997). Foram elaborados dois conjuntos de questionários, um dos quais destinado à direção e ao pessoal, com perguntas dirigidas tanto à direção como ao pessoal. Pretendia-se assim obter uma visão do processo de mudança e obter informações antes da mudança. O outro conjunto foi desenvolvido para os clientes e pretendia determinar a qualidade do serviço que os clientes estão a receber e a sua opinião sobre a prestação do serviço.

Esperava-se que o período de recolha de dados demorasse um mês mas, no entanto, ultrapassou um mês, uma vez que o investigador estava a lutar para conseguir que a direção e o pessoal, especialmente o pessoal, respondessem ao questionário. A maior parte do pessoal não tinha a certeza das razões para responder ao questionário, pois alguns receavam que se tratasse de uma armadilha da direção de topo e, por isso, tinham medo de ser vitimados depois de a direção analisar as suas respostas. O investigador solicitou então uma carta da Universidade que explicava claramente os motivos do estudo, altura em que o pessoal começou a tentar responder ao questionário, mas alguns continuaram hesitantes. Isto afectou a taxa de resposta do estudo, que o investigador esperava que fosse muito elevada. Os pequenos agricultores não tiveram problemas em responder ao questionário, pois estavam ansiosos por responder ao questionário, uma vez que este seria utilizado para recolher as suas queixas. O questionário foi distribuído aos pequenos agricultores à mão.

A principal vantagem da utilização do questionário é o facto de poder ser administrado a um grande número de pessoas ao mesmo tempo e de os inquiridos responderem às mesmas perguntas, o que melhora a precisão dos resultados. Por esta razão, os questionários foram adoptados neste estudo, uma vez que se adequam à natureza do problema em estudo. Por outro lado, este método provou ser económico e conveniente na recolha de dados. As desvantagens do questionário é que tem uma taxa de resposta muito baixa, uma vez que as pessoas têm uma crença antiquestionário e, na maioria das vezes, o investigador não estava disponível para esclarecer as áreas que não eram claras para os inquiridos.

3.8 TRATAMENTO, ANÁLISE E APRESENTAÇÃO DE DADOS

O tratamento dos dados consiste na codificação do questionário, na introdução de dados e na limpeza dos dados. Inicialmente, os questionários receberam códigos únicos para todas as respostas e todos os questionários mal preenchidos não serão considerados para análise. A introdução de dados foi efectuada utilizando o Microsoft Excel e os dados foram também analisados utilizando o Microsoft Excel. Na análise e interpretação dos dados, foram utilizadas frequências, percentagens e médias. A informação foi apresentada através de tabelas, gráficos e quadros para permitir uma comparação fácil e uma projeção clara da situação. Estes resultados serão apresentados no capítulo 4, juntamente com a sua discussão pormenorizada.

3.9 CONCLUSÃO DO CAPÍTULO

Este capítulo abordou a conceção da investigação utilizada no estudo e as razões para a escolha da conceção . O capítulo aborda também a forma como os instrumentos de investigação foram desenvolvidos, os métodos de recolha de dados, a introdução de dados, o tratamento e a análise dos dados. Apresenta e discute os resultados da investigação.

CAPÍTULO 4

4.1 APRESENTAÇÃO E ANÁLISE DE DADOS

4.2 INTRODUÇÃO

A forma mais rápida de tirar conclusões da análise de dados é através da utilização de gráficos e quadros claros e cuidadosamente construídos. Os gráficos de análise de dados são utilizados para determinar se existem relações significativas entre vários dados, como é que os dados estão distribuídos, se as diferenças são ou não significativas e assim por diante.

Os gráficos de análise de dados tornam-se gráficos de apresentação quando adquirem ênfase na estética, na facilidade de compreensão e na comunicação de uma mensagem específica.

4.3 TAXA DE RESPOSTA

No total, foram enviados 100 questionários às empresas de sementes e aos pequenos agricultores, tendo sido preenchidos e devolvidos 63, o que corresponde a uma taxa de resposta do estudo de 63%. Esta taxa de resposta é suficientemente elevada para tornar este estudo fiável e válido. A taxa de resposta dá peso às conclusões e recomendações desta investigação.

4.4 TEMPO DE PRODUÇÃO DE SEMENTES

As Figuras 4.1 e 4.2 mostram o tempo em que as empresas de sementes e os pequenos produtores estão a produzir sementes.

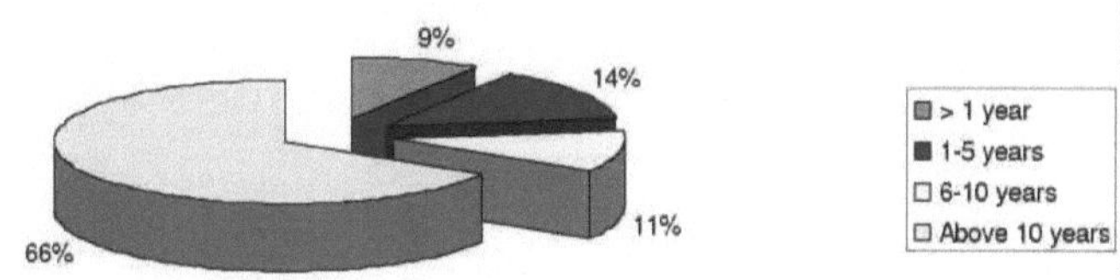

Figure 4.1 Time in seed production

Os resultados do estudo revelam que a maioria (66%) dos inquiridos das empresas de sementes se dedicam à produção de sementes há mais de 10 anos, 14% afirmaram que há 1-5 anos, enquanto uns insignificantes 9% se dedicam à produção de sementes há menos de 1 ano. Isto mostra que a maior parte das empresas de sementes produz sementes há muito tempo e, por conseguinte, possui uma vasta experiência e saber-fazer no domínio da produção de sementes. O seu know-how e experiência serão, portanto, de maior importância no estabelecimento de uma produção comunitária de sementes, uma vez que serão transmitidos aos pequenos agricultores envolvidos na produção comunitária.

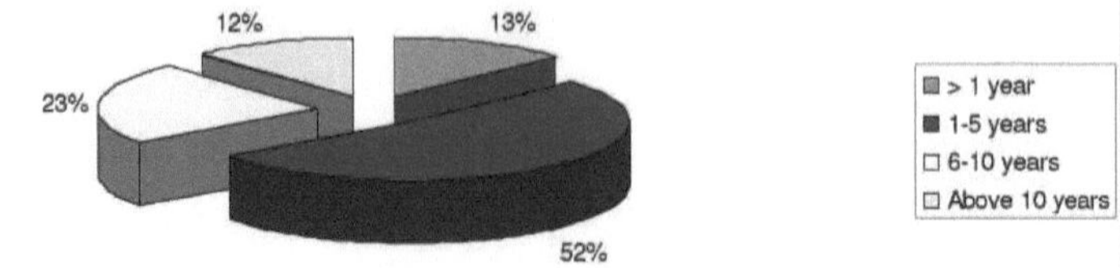

Figure 4.2 Time in seed production

A partir das constatações do estudo na figura 4.2, a maioria dos pequenos agricultores (52%) tem estado na produção de sementes por 1-5 anos, 23% por 6-10 anos e 12% tem estado na produção de sementes por mais de 10 anos. A maioria dos pequenos agricultores não tem estado na produção de sementes há muito tempo e, portanto, não tem muita experiência na produção de sementes, pelo que pode necessitar de formação para que a produção de sementes baseada na comunidade seja um sucesso.

4.5 ESTADO DA INDÚSTRIA DE SEMENTES NO ZIMBABUÉ

4.6 A figura 4.3 abaixo mostra o estado da indústria de sementes no Zimbabué

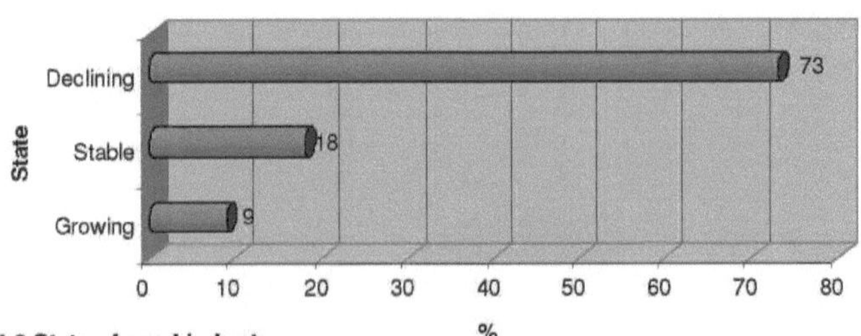

Figure 4.3 State of seed industry

De acordo com a figura 4.3 acima, a indústria de sementes no Zimbabué está em declínio, como foi sugerido pela maioria (73%) dos inquiridos, 18% disseram que está estável, enquanto um insignificante (9%) sustentou que está a crescer. Os resultados mostram que a indústria de sementes pode estar em declínio. De acordo com os inquiridos, isto deve-se ao facto de a indústria de sementes já não estar a satisfazer a procura local de sementes e também ao facto de a maior parte das sementes existentes no país serem atualmente importadas. À luz das conclusões do estudo, a produção comunitária de sementes pode ser usada para melhorar a disponibilidade de sementes ou como uma intervenção para a indústria de sementes em declínio no país. Isto também está de acordo com Ebro, (2001) que afirma que o conceito de produção de sementes nas aldeias se baseia em modos de produção descentralizados e tecnologicamente apropriados como um suplemento, ou mesmo uma alternativa, para reabilitar o atual modo de produção centralizado e intensivo em capital financiado por doadores.

4.5 PROCURA DE SEMENTES

A figura 4.4 mostra se as empresas de sementes estão a satisfazer a procura de sementes na economia.

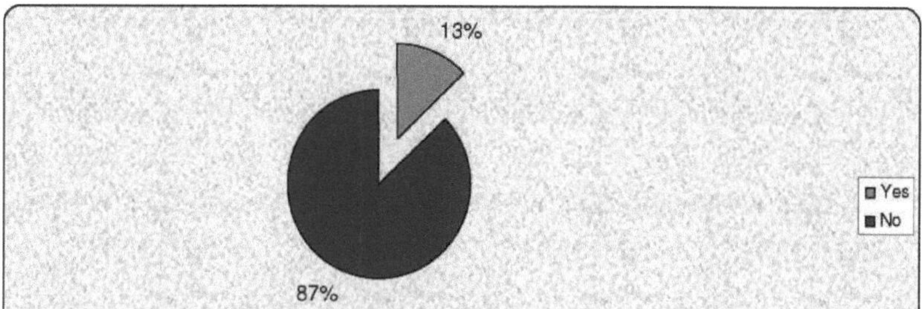

Figure 4.4 Are seed companies meeting demand?

A maioria (87%) dos inquiridos tinha a perceção de que as empresas de sementes não estão a satisfazer a procura de sementes na economia, enquanto 13% sugeriam o contrário. Isto implica, portanto, que as empresas de sementes podem não estar a conseguir satisfazer a procura de sementes na economia. Devido ao facto de as empresas de sementes não estarem a satisfazer a procura de sementes na economia, é necessário promover a produção comunitária de sementes para melhorar a disponibilidade de sementes e também para reduzir a pressão sobre as empresas de sementes para fornecerem sementes. Isto está de acordo com Ferguson (2003), que afirma que a produção de sementes com base nas aldeias pode surgir através do estabelecimento de quintas de pequena escala que podem produzir sementes melhoradas suficientes para satisfazer as necessidades da comunidade local. Estas explorações poderiam ser geridas de forma privada por grupos de agricultores mais abastados ou sob controlo comunitário.

4.5.1 RAZÕES PARA A NÃO SATISFAÇÃO DA PROCURA DE SEMENTES

As razões para o fracasso das empresas de sementes em satisfazer a procura de sementes na economia são apresentadas no Quadro 4.1 abaixo

Quadro 4.1 Motivos

Razões	% de inquiridos
Capacidade financeira limitada	55
Escassez ou indisponibilidade dos factores de produção necessários	69

Atrasos nos pagamentos aos produtores por parte das casas de sementes	49
Instabilidade económica	73
Falta de experiência de gestão dos novos produtores	51

As razões pelas quais as empresas de sementes não conseguem satisfazer a procura de sementes na economia são a instabilidade económica (73%), a escassez ou indisponibilidade dos insumos necessários (69%), a capacidade financeira limitada (55%) e os atrasos nos pagamentos aos produtores por parte das casas de sementes (49%). Isto mostra, portanto, que o fracasso das empresas de sementes em satisfazer a procura de sementes na economia se deve principalmente à instabilidade económica e à escassez ou indisponibilidade dos insumos necessários. As empresas de sementes, devido à recessão económica, podem não estar a funcionar em pleno e, por isso, podem não ser capazes de produzir as sementes necessárias para satisfazer a procura no país.

4.6 INTERVENÇÕES PARA MELHORAR A OFERTA DE SEMENTES

A Figura 4.5 mostra se existem intervenções para melhorar o fornecimento de sementes

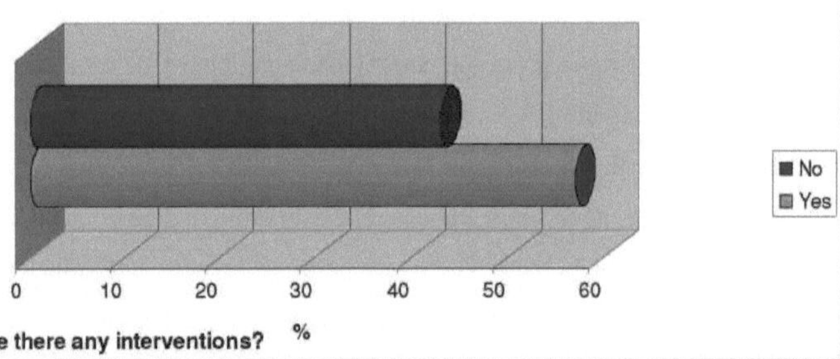

Figure 4.5 Are there any interventions?

Os resultados do estudo revelam que a maioria (57%) dos inquiridos concordou que existem intervenções para melhorar a oferta de sementes, enquanto 43% sugeriram o contrário. Isto mostra, portanto, que podem existir algumas intervenções para melhorar a oferta de sementes na economia. Contudo, a Tabela 4.2 mostra que as intervenções que existem para melhorar o fornecimento de sementes no país são o esquema de fornecimento de insumos do Banco de Reserva do Zimbabwe (RBZ) (53%), a importação de sementes de outros países (49%) e o projeto Zunde ramambo do governo (51%). À luz das intervenções fornecidas, os inquiridos não mencionaram a produção de sementes com base na comunidade como uma intervenção para o fornecimento de sementes, provavelmente porque não estão a ser envidados muitos esforços para o projeto de produção de sementes com base na comunidade.

Quadro 4.2 Intervenções

Intervenção	**% de inquiridos**
Regime de fornecimento de factores de produção do RBZ	53
Importação de sementes	49
Zunde ramambo pelo governo	51

4.7 PRODUÇÃO COMUNITÁRIA DE SEMENTES

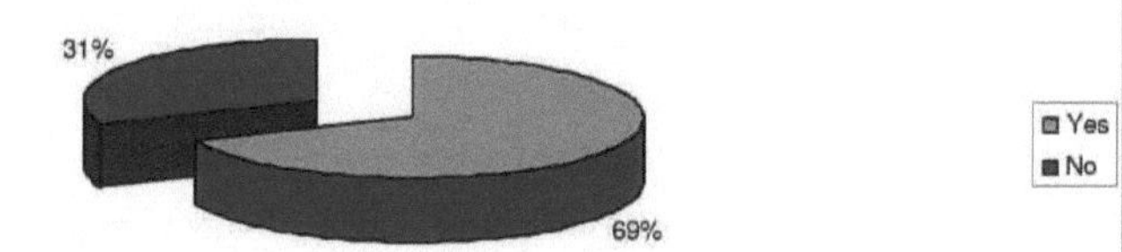

Figure 4.6 Have you ever heard of community based seed production?

A partir das constatações da Figura 4.6 acima, a maioria (69%) dos inquiridos afirmou ter ouvido falar da produção comunitária de sementes, enquanto 31% não ouviram falar. Isto significa, portanto, que a maioria dos inquiridos está ciente do que é a produção de sementes com base na comunidade e, por conseguinte, as suas respostas seriam de uma perspetiva informada, pelo que acrescentam valor aos resultados do estudo. Segundo Ebro (2001), o conceito de produção de sementes na aldeia baseia-se em modos de produção descentralizados e tecnologicamente apropriados como suplemento, ou mesmo alternativa, à reabilitação do modo de produção centralizado e intensivo em capital financiado por doadores. Ferguson (2003) acrescenta que a produção de sementes nas aldeias pode ser realizada através do estabelecimento de pequenas explorações agrícolas que possam produzir sementes melhoradas suficientes para satisfazer as necessidades da comunidade local. Estas explorações podem ser geridas a título privado por grupos de agricultores mais abastados ou sob controlo comunitário. Tripp (2001) afirma que as explorações descentralizadas de sementes podem ser abastecidas anualmente com sementes de base das estações de investigação/indústria de sementes, e podem concentrar as suas actividades na multiplicação e comercialização de sementes para a comunidade.

A Figura 4.7 mostra se os inquiridos estão envolvidos na produção comunitária de sementes

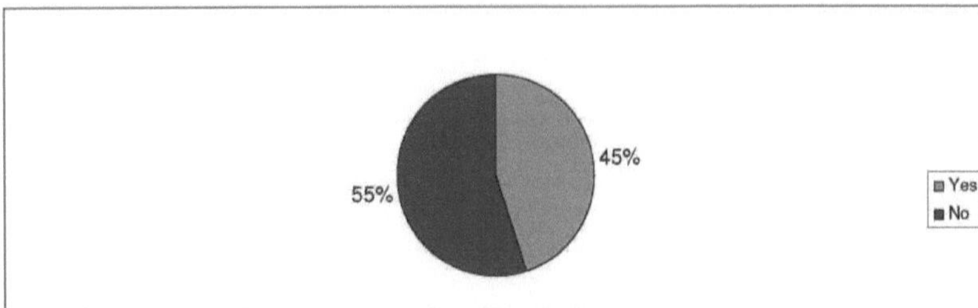

Figure 4.7 Involvement in community based seed production

A partir dos resultados do estudo, a maioria (55%) dos inquiridos afirmou que não está envolvida na produção comunitária de sementes, enquanto 45% disseram que estão envolvidos. Isto mostra que a maioria dos inquiridos não está envolvida na produção comunitária de sementes e que não foram feitos muitos investimentos na produção comunitária de sementes. Isto está de acordo com Rohrbach, (2002) que é da opinião que na maioria dos países em desenvolvimento o sector formal é muito menor do que o sector informal de sementes. Este último é a principal fonte de materiais de plantação para os pequenos agricultores na África Austral, servindo mais de 90% das suas necessidades de sementes (Rohrbach, 2002). Consequentemente, haveria ganhos muito grandes se as estratégias para melhorar a qualidade da semente proveniente deste sector fossem devidamente concebidas e implementadas. De acordo com Mbwele, Lumbadia e Sichilima (2000), as Organizações Não Governamentais (ONGs) já fizeram investimentos substanciais em esquemas de multiplicação de sementes baseados na comunidade, que fazem parte do sector informal.

4.7.1 EM QUE MEDIDA A PRODUÇÃO COMUNITÁRIA DE SEMENTES ESTÁ A SER UTILIZADA

A Figura 4.8 mostra até que ponto a produção de sementes comunitárias está a ser usada pelas empresas de sementes para melhorar a disponibilidade de sementes

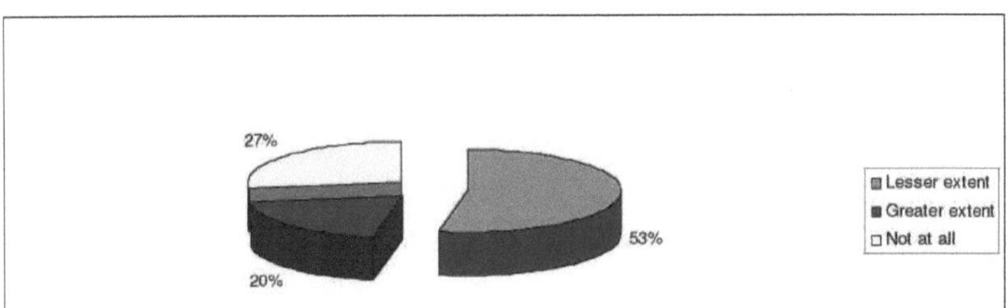

Figure 4.8 Extent of use of community seed production

De acordo com as conclusões do estudo, a maioria (53%) dos inquiridos tem a perceção de que a produção comunitária de sementes é utilizada em menor escala pelas empresas de sementes para melhorar a disponibilidade de sementes, enquanto 20% afirmam que é utilizada em maior escala. As empresas de sementes podem não estar a usar maioritariamente a produção de sementes com base na comunidade para melhorar a disponibilidade de sementes nas comunidades. Isto também implica que muitas empresas de sementes não estão a usar a produção de sementes com base na comunidade ou podem não estar conscientes dos benefícios que vêm com o programa e, portanto, não o usam maioritariamente.

4.7.2 EFICÁCIA DA PRODUÇÃO COMUNITÁRIA DE SEMENTES

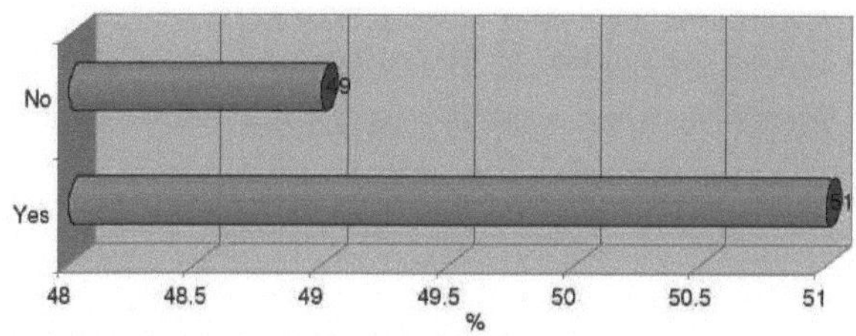

Figure 4.9 Effectiveness of community based seed production

A maioria (51%) dos inquiridos concordou que a produção comunitária de sementes é suficientemente eficaz para reduzir a escassez de sementes no país, enquanto 49% sugeriram o contrário. A partir das constatações do estudo, pode não ser conclusivo sugerir que a produção de sementes com base na comunidade pode ser suficientemente eficaz para reduzir a escassez de sementes no país, tendo em conta a diferença na percentagem das respostas "não" e "sim". Ferguson (2003) afirma que a produção de semente com base na aldeia pode surgir através do estabelecimento de quintas de pequena escala que podem produzir sementes melhoradas suficientes para satisfazer as necessidades da comunidade local. Estas explorações podem ser geridas de forma privada por grupos de agricultores mais abastados ou sob controlo comunitário. Tripp (2001) afirma que as explorações descentralizadas de sementes poderiam ser abastecidas anualmente com sementes de base provenientes das estações de investigação/indústria de sementes, e poderiam concentrar as suas actividades na multiplicação e comercialização de sementes à comunidade. À luz dos sentimentos de Ferguson (2003) e Tripp (2001), parece que a produção baseada na comunidade pode ser suficientemente eficaz para travar a escassez de sementes neste país.

4.8 CRITÉRIOS DE SELECÇÃO

A Figura 4.10 mostra como os inquiridos vêem os critérios de seleção do programa de produção de sementes de base comunitária

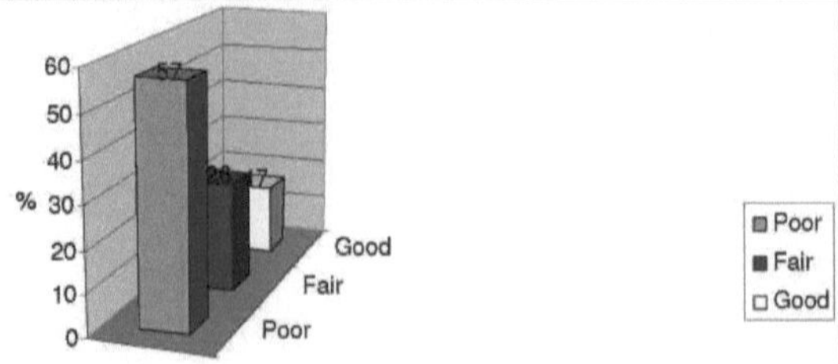

Figure 4.10 Selection criteria

Os resultados do estudo revelam que a maioria (57%) dos inquiridos concordou que os critérios de seleção para o programa de sementes de base comunitária são fracos, 26% disseram que são razoáveis, enquanto que (17%) afirmaram que são bons. Os critérios de seleção do programa de base comunitária podem provavelmente ser fracos, uma vez que, segundo os inquiridos, a maioria dos agricultores selecionados não possui os conhecimentos técnicos, pois considera-se que estes não são considerados como critérios. Além disso, os inquiridos têm a perceção de que a maioria dos agricultores do programa é selecionada com base na sua filiação política e que aqueles que são considerados politicamente errados não são selecionados, independentemente dos seus conhecimentos técnicos.

4.9 SISTEMAS DE SEMENTES

O sistema de sementes que está a ser usado principalmente pelas empresas de sementes é mostrado na Figura 4.11 abaixo

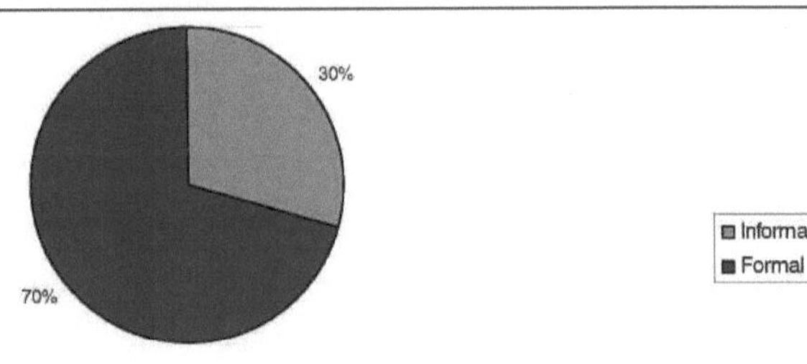

Figure 4.11 Seed system

Os resultados da Figura 4.11 acima mostram que a maioria (70%) dos inquiridos concordou que as empresas de sementes usam os sistemas formais de sementes, enquanto 30% sugeriram o contrário. Isto mostra, portanto, que as empresas de sementes podem não estar maioritariamente envolvidas na produção comunitária de sementes, como mostra o sistema de sementes que utilizam maioritariamente. No entanto, de acordo com Rohrbach (2002), na maioria dos países em desenvolvimento, o sector formal é muito menor do que o sector informal de sementes. Este último é a principal fonte de materiais de plantação para os pequenos agricultores na África Austral, satisfazendo mais de 90% das suas necessidades de sementes. Consequentemente, haveria ganhos muito grandes se as estratégias para melhorar a qualidade da semente proveniente deste sector fossem devidamente concebidas e implementadas. De acordo com Mbwele, Lumbadia e Sichilima (2000), as Organizações Não Governamentais (ONGs) já fizeram investimentos substanciais em esquemas de multiplicação de sementes baseados na comunidade, que fazem parte do sector informal. A assistência deve ser orientada para a melhoria da eficácia destes investimentos, ajudando as ONG a melhorar o controlo da qualidade e a comercialização das sementes.

4.10 FORMAÇÃO E EDUCAÇÃO

Figure 4.12 mostra se os pequenos agricultores estão a receber qualquer educação ou formação

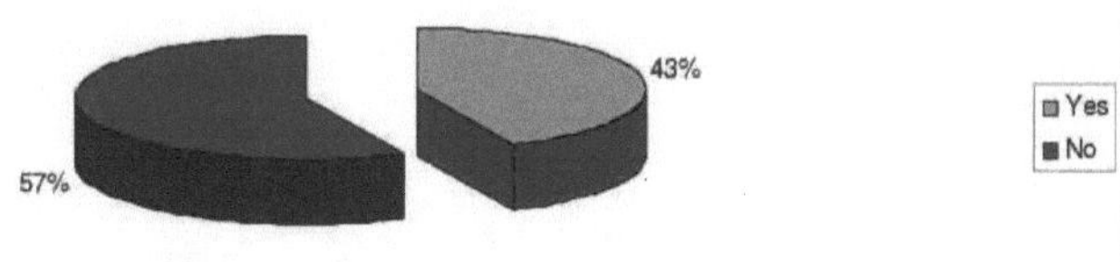

Figure 4.12 Education and training

Os resultados do estudo revelam que a maioria (57%) dos inquiridos tem a perceção de que os pequenos agricultores não estão a receber qualquer formação ou educação das empresas de sementes no que diz respeito à produção de sementes, enquanto 43% têm uma opinião contrária. Os pequenos agricultores podem não estar a receber qualquer formação das empresas de sementes no que diz respeito à produção de sementes e, assim, ter efeitos negativos sobre o crescimento e a eficácia da produção comunitária de sementes. Tripp, (2001) afirma que a formação dos agricultores na produção de sementes é, portanto, um pré-requisito para o estabelecimento de um sistema de sementes, particularmente sistemas informais, onde os agricultores precisam de formação em vários aspectos da produção de sementes. Por exemplo, no Malawi, Zâmbia e Tanzânia, as ONGs e alguns projectos assistidos por doadores têm sido os mais activos no sector informal, formando os agricultores em multiplicação simples e melhorada de sementes nas explorações, onde o novo elemento de ligação à investigação e ao controlo de qualidade está a ser gradualmente introduzido, com apoio da extensão (Jones et al, 2001).

Ebro (2001) afirma que outras actividades são sistemas de produção de sementes baseados na comunidade, armazéns e bancos de sementes nas aldeias, assistência na melhoria da utilização das culturas, práticas de armazenamento melhoradas, assim como educação sobre métodos simples de garantir e monitorizar a qualidade das sementes. Ele acrescenta que as intervenções potenciais incluem a formação em metodologias de produção, armazenamento, distribuição e utilização de sementes. À luz do acima exposto, pode ser importante dar formação e educação aos pequenos agricultores sobre a produção de sementes e outras actividades relacionadas, de modo a ter um programa eficaz de produção de sementes baseado na comunidade.

4.11 DEFICIÊNCIAS DO SISTEMA DE PRODUÇÃO DE SEMENTES DE BASE COMUNITÁRIA

As deficiências do sistema de produção de sementes de base comunitária que está em vigor são mostradas nos resultados da Tabela 4.3 abaixo

Quadro 4.3 Deficiências

Deficiências	**% de inquiridos**
Critérios de seleção inadequados	67
Falta de conhecimentos especializados	72
Falta de qualidade na produção de sementes	42
Marketing lateral	55
Distância de isolamento inadequada	39
O armazenamento de sementes é um desafio	51

A Tabela 4.3 mostra que as deficiências do sistema de produção de sementes de base comunitária em vigor são a falta de conhecimentos especializados (72%); critérios de seleção deficientes (67%), comercialização lateral (55%) e distância de isolamento inadequada (39%). Isto mostra, portanto, que as principais deficiências do sistema de produção de sementes de base comunitária são os maus critérios de seleção, a falta de conhecimentos especializados, a comercialização paralela e o armazenamento de sementes é um desafio. Devido à perceção de que os critérios de seleção utilizados na produção comunitária de sementes são fracos e que, de acordo com as conclusões anteriores, não têm em conta os conhecimentos especializados dos agricultores, o sistema comunitário de produção de sementes carece de conhecimentos especializados dos agricultores. Os agricultores podem não estar conscientes da produção, armazenamento, distribuição e utilização das sementes e, por conseguinte, o sistema comunitário pode não ser bem sucedido. Rohrbach et al (1997) afirmam que, de acordo com os padrões do sector formal, a maioria dos peritos considera que os principais problemas de produção no sector informal são os seguintes falta de isolamento, desbaste e armazenamento adequado, levando à falta de pureza; controlo insuficiente de pragas no campo e no armazenamento, levando a uma possível acumulação de pragas e doenças; conhecimento insuficiente na produção de sementes; uso inadequado de insumos agrícolas; métodos inadequados de processamento de sementes; fracas oportunidades de comercialização, especialmente para culturas introduzidas; supressão da procura de sementes; e crédito agrícola inadequado para adquirir as instalações necessárias e realizar as práticas necessárias para um trabalho de qualidade.

4.12 CONSTRANGIMENTOS ENFRENTADOS PELAS EMPRESAS DE SEMENTES NA PRODUÇÃO COMUNITÁRIA DE SEMENTES

A Tabela 4.4 mostra os constrangimentos enfrentados pelas empresas de sementes na produção de sementes de base comunitária

Quadro 4.4 Restrições

Restrição	% de inquiridos
Falta de procura	42
Elevados custos de arranque da produção	53
A criação de canais de comercialização nas zonas rurais é dispendiosa	61
Programas de ajuda às sementes mal orientados	68
Regulamentação governamental inconsistente	45

Os resultados do estudo revelam que os constrangimentos que as empresas de sementes enfrentam na produção comunitária de sementes são os programas de ajuda às sementes mal orientados (68%), a criação de canais de comercialização nas zonas rurais é dispendiosa (61%) e a falta de procura (42%). De acordo com os resultados, os principais constrangimentos que as empresas de sementes enfrentam na produção comunitária de sementes são os programas de ajuda às sementes mal orientados, a criação de canais de comercialização nas zonas rurais é dispendiosa e os elevados custos de arranque da produção. Ferguson (2003) argumenta que o desenvolvimento de canais comerciais para as sementes também tem sido dificultado pela distribuição contínua de sementes gratuitas ou subsidiadas através de programas de alívio da seca financiados pelo governo e por doadores. Jones et al (2001) acrescenta que estes programas nem sempre são bem direcionados para produtos e áreas onde há pouca atividade comercial existente ou potencial. Assim, competem com os canais comerciais e entre si e enviam sinais contraditórios aos agricultores.

4.13 APOIO AOS AGRICULTORES COMUNITÁRIOS

A Figura 4.13 mostra se os pequenos agricultores estão a receber apoio adequado das empresas de sementes para a produção comunitária de sementes

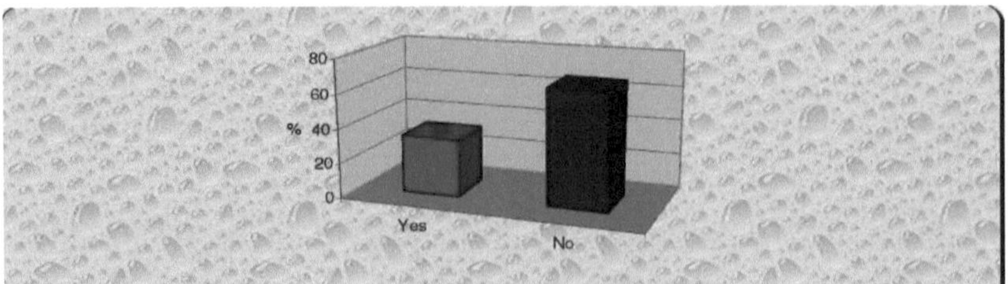

Figure 4.13 Support

A maioria (67%) dos inquiridos concordou que as empresas de sementes não estão a dar o apoio adequado aos agricultores comunitários para a produção de sementes, enquanto 33% afirmaram que as empresas de sementes deram o apoio adequado aos pequenos agricultores. Isto significa que as empresas de sementes podem não estar a dar o apoio adequado aos agricultores comunitários para a produção de sementes, o que, segundo os inquiridos, se deve ao facto de as empresas de sementes poderem considerar que se trata de um concorrente e, por conseguinte, não darem o seu apoio a menos que estejam envolvidas. Os inquiridos também acrescentaram que as empresas de sementes são cépticas e pessimistas em relação a todo o sistema comunitário de produção de sementes, pelo que podem não estar a dar o apoio adequado aos agricultores comunitários para a produção de sementes. De acordo com Mbwele, Lumbadia e Sichilima (2000), as Organizações Não Governamentais (ONGs) já fizeram investimentos substanciais em sistemas comunitários de multiplicação de sementes, que fazem parte do sector informal. A assistência deve ser orientada para melhorar a eficiência destes investimentos, ajudando as ONG a melhorar o controlo da qualidade e a comercialização das sementes. Especificamente, os programas de sementes das ONG poderiam beneficiar de apoio técnico para efetuar:

- Avaliação de variedades e seleção dos melhores genótipos.
- Manutenção das variedades melhoradas atualmente cultivadas, bem como dos novos genótipos selecionados.
- Desenvolvimento de materiais de formação para ajudar os agricultores a produzir sementes geneticamente puras de cultivares da sua escolha.

4.14 CONCLUSÃO DO CAPÍTULO

O capítulo apresentou os resultados das discussões sobre o estado da indústria de sementes no Zimbabwe, o envolvimento na produção comunitária de sementes e a eficácia do programa comunitário. Também foram discutidos os critérios de seleção, os sistemas de sementes, as deficiências do sistema de base comunitária e os constrangimentos enfrentados pelas empresas de sementes na produção de sementes comunitárias. O próximo capítulo apresentará as conclusões e recomendações do estudo.

CAPÍTULO 5

5.1 CONCLUSÕES E RECOMENDAÇÕES

5.2 INTRODUÇÃO

O estudo explorou a medida em que as empresas de sementes estão a usar as comunidades para a produção de sementes. As seguintes conclusões e recomendações são retiradas dos resultados da investigação e da literatura analisada.

5.3 CONCLUSÕES DO ESTUDO

O estudo apresenta as seguintes conclusões

i. Os resultados mostram que a maioria dos pequenos agricultores e as empresas de sementes não estão envolvidos no programa de produção de sementes de base comunitária. Os critérios de seleção do programa de base comunitária são fracos, pois não têm em conta os conhecimentos técnicos dos agricultores a serem envolvidos, uma vez que a filiação política é utilizada como principal critério.

ii. O sistema de sementes que é maioritariamente usado pelas empresas de sementes é o sistema formal de sementes e isso implica que as empresas de sementes não estão maioritariamente envolvidas no sistema de produção de sementes baseado na comunidade (que é também o sistema informal). Contudo, na maioria dos países em desenvolvimento, o sector formal é muito mais pequeno do que o sector informal de sementes. Este último é a principal fonte de materiais de plantação para os pequenos agricultores na África Austral, satisfazendo mais de 90% das suas necessidades de sementes.

iii. Os pequenos agricultores podem não estar a receber qualquer formação das empresas de sementes no que diz respeito à produção de sementes e, assim, ter efeitos negativos sobre o crescimento e a eficácia da produção comunitária de sementes. A formação dos agricultores na produção de sementes é, portanto, um pré-requisito para o estabelecimento de um sistema de sementes, particularmente sistemas informais, onde os agricultores precisam de formação em vários aspectos da produção de sementes.

iv. As principais deficiências do sistema comunitário de produção de sementes são os critérios de seleção deficientes, a falta de conhecimentos especializados, a comercialização paralela e o armazenamento de sementes. Devido aos maus critérios de seleção utilizados na produção comunitária de sementes que, de acordo com as conclusões, não têm em conta os conhecimentos dos agricultores, o sistema de produção comunitária de sementes carece de conhecimentos dos agricultores.

v. Os principais constrangimentos que as empresas de sementes enfrentam na produção comunitária de sementes são os programas de ajuda às sementes mal orientados; a criação de canais de comercialização nas zonas rurais é dispendiosa e os elevados custos de arranque da produção.

vi. As empresas de sementes não estão a dar apoio adequado aos agricultores comunitários para a produção de sementes e isto porque para as empresas de sementes pode parecer um concorrente e, portanto, não dariam o seu apoio a menos que estivessem envolvidas. Esta falta de apoio deve-se também ao facto de as empresas de sementes serem cépticas e perspicazes em relação a todo o sistema comunitário de produção de sementes

5.4 RECOMENDAÇÕES DO ESTUDO

O estudo recomenda que:

i. As empresas de sementes devem ser sensibilizadas para a importância de envolver os pequenos agricultores na produção de sementes. Isto pode ser feito através da realização de seminários e workshops sobre a importância de envolver os pequenos agricultores na produção de sementes e as empresas de sementes devem ser envolvidas nesses workshops e seminários.

ii. Para que a produção comunitária de sementes seja bem sucedida e eficaz, a capacidade dos agricultores deve ser reforçada através de acções de formação que melhorem os conhecimentos técnicos dos agricultores e também disponibilizem insumos (fertilizantes a tempo) de modo a aumentar a produção por hectare.

iii. Os pequenos agricultores devem receber formação para apreciar a produção de sementes como um negócio que também é apoiado por um comportamento ético de ambos os parceiros. Isto ajudará a resolver a questão da comercialização lateral, que é uma prática comum na maioria dos pequenos agricultores contratados.

iv. Todos os intervenientes na indústria de sementes devem apoiar os esforços dos pequenos agricultores no sentido de contribuir para a indústria de sementes através de um sistema comunitário de produção de sementes, reunindo recursos para capacitar os pequenos agricultores.

5.5 ÁREA DE ESTUDO POSTERIOR

O estudo apresenta uma área de estudo adicional para investigar os efeitos do envolvimento das empresas de sementes na eficácia do programa comunitário de produção de sementes.

REFERÊNCIAS

Boudreau, T. (1998) *The food economy approaches: a framework for understanding rural livelihoods*. Relief and Rehabilitation Network, Paper No. 26. Overseas Development Institute, Londres.

Bryman, R. (1988) The acquisition of information and the adoption of new technology. Amer. J. of Agric. Econ. 66(2): 312-320.

Bulmer P.D (1986) 'Practical Research Planning and Designing', 5ª edição, Nova Iorque; The American University, Macmillan Publishing Company.

Cromwell, E. (1999) Seed diffusion mechanisms in small-scale farmers' communities: lessons from Asia, Africa and Latin America (Mecanismos de difusão de sementes em comunidades de pequenos agricultores: lições da Ásia, África e América Latina). Agricultural Administration (Research and Extension) Network Paper No 21. Londres, Reino Unido: Overseas Development Institute.

Danida. (2003) Componente de produção de sementes nas explorações agrícolas, Apoio ao Programa do Setor Agrícola. Documento de projeto. Dar es Salaam, Tanzânia: Danida (distribuição limitada).

De Vous, P. D. (1990) Practical Research Planning and Designing, 5ª edição, Nova Iorque, The American University, Macmillan Publishing Company.

Dillion, E. (1990) How to Conduct a Survey, Departamento de Estatística, Universidade do Zimbabué, Harare.

Due, J.M. (2000) Tanzania cultivar release, seed multiplication and distribution systems. Relatório técnico no. 7. Morogoro, Tanzânia: Departamento de Economia Rural, Universidade de Agricultura de Sokoine.

Ebro, A. (2001) *"Initiatives for Sustainable Seed Systems in Africa"*. Washington, DC: Banco Mundial.

FAO (Organização das Nações Unidas para a Alimentação e a Agricultura). **(2004)** Base de dados FAOSTAT. Roma, Itália: FAO.

Ferber H, (1974) 'What is a Survey', Washington.

Fergus, L. e A. Seth. (1998) Small-scale seed provision in Ghana: social relations, contracts and Institutions for micro-enterprise development. Agricultural Research and Extension Network Paper No.84, ODI, Reino Unido

Ferguson M. (2003) *Assessment of the Impact of the 2000 Floods on Crop Diversity in Mozambique"*. Relatório Final, setembro-dezembro de 2002. Nairobi: ICRISAT e INIA. 54 páginas.

Fraenkel e Wallen (1995) Real World Research - A Research for Social Scientists and Practitioners. Blackwel Publishers

Friis Hansen, C. (1988) Unnatural Selection. Technology, Politics and Plant Evolution. Yverdon, Suíça: Gordon and Breach.

ICRISAT. (2000) Seed systems for the new millennium: Um plano de ação para a Tanzânia. Proceedings of the Stakeholder Review and Planning Workshop, 7-8 Dec 1999, Dar es Salaam (Monyo, E.S., Lumbadia, M.Z., Mgonja, M.A., Saadan, H.M., and Mitawa, G.M., eds). PO Box 776, Bulawayo, Zimbabwe: SADC/ICRISAT Sorghum and Millet Improvement Program.

Jafee, S. e J. Srivastava. (1994) The roles of the private and public sectors in enhancing the performance of seed systems. The World Bank Research Observer 9:97117.

Jean, M.W. (1998) 'The role of institutions in community-based conservation'. Em Western, D., R.M. Wright, e D.C. Strum (eds.), *Natural connection. Perspectives in community based conservation,* Washington D.C.: Island Press.

Jones, R., H.A. Freeman, e G. Lo Monaco (2002) 'Improving the access of small farmers in eastern and southern Africa to global pigeonpea markets' AgREN Paper 120. London: Overseas Development Institute.

Judd. R, Smith. W. H e Kidder. H. C (2001) Reading Statistics and Research 2nd Edition.Longman

Kiriwaggulu, J.A.B., Mtenga, K.J., Rohrbach, D., Monyo, E.M., Mwaisela, F., e **Saadan, H.M. (2000)** Comparative assessment of community seed supply strategies in central Tanzania. Relatório de uma viagem de campo a Dodoma, 24-27 de julho de 2000. PO Box 776, Bulawayo, Zimbabwe: SADC/ICRISAT Sorghum and Millet Improvement Program (distribuição limitada).

Labovitz, B. e Hagedorn, G. (1976) "Introduction to Social Research", McGraw Hill, Nova Iorque.

Lechner WR (1996) Pilot project for small-scale pearl millet seed production in Namibia. Em K. Leuschner e C.S. Manthe (eds.), *Drought Tolerant Crops for Southern Africa: Proceedings of the SADC/ICRISAT Regional Sorghum and Pearl Millet Workshop, 24-29 de julho de 1994, Gaborone, Botswana.* Patancheru 502324, AP, Índia: ICRISAT

Maredia, M. e **Howard, J. (1998)** Facilitating seed sector transformation in Africa: key findings from the literature. East Lansing, Michigan, EUA: Michigan State University.

Marsh R.S. (1992) Marketing Research, 7ª edição, Eaglewood Cliffs, New Jersey, Prentice Hall.

Mbwele, A.A., Lumbadia, M.Z., e **Sichilima, N.P. (2000)** Seed production and supply system in Tanzania. Pages 20-27 *in* Seed systems for the new millennium: Um plano de ação para a Tanzânia. Proceedings of the Stakeholder Review and Planning Workshop, 7-8 Dec 1999, Dar es Salaam

(Monyo, E.S., Lumbadia, M.Z., Mgonja, M.A., Saadan, H.M., and Mitawa, G.M., eds). PO Box 776, Bulawayo, Zimbabwe: SADC/ICRISAT Sorghum and Millet Improvement Program.

Mbwele, A.A., Lumbadia, M.Z., e **Sichilima, N.P. (2000)** Seed production and supply system in Tanzania. Pages 20-27 *in* Seed systems for the new millennium: Um plano de ação para a Tanzânia. Proceedings of the Stakeholder Review and Planning Workshop, 7-8 Dec 1999, Dar es Salaam (Monyo, E.S., Lumbadia, M.Z., Mgonja, M.A., Saadan, H.M., and Mitawa, G.M., eds). PO Box 776, Bulawayo, Zimbabwe: SADC/ICRISAT Sorghum and Millet Improvement Program.

Mc Phail, S. (2001) "Qualitative research and case study applications in education", São Francisco: Jossey-Bass.

Ministério da Agricultura e das Cooperativas. (1997) Política agrícola e pecuária. janeiro de 1997. Dar es Salaam, Tanzânia: Ministério da Agricultura e das Cooperativas.

Ministério dos Negócios Estrangeiros. (1997) Documento de apoio ao programa setorial. Programa de Apoio ao Setor Agrícola da Tanzânia. Ref. nº 104.Tanz.1/landbrug. Dar es Salaam, Tanzânia: Ministério dos Negócios Estrangeiros (distribuição limitada).

Minja, G.L. e **Shuma, B. (2000)** Tanseed's contributions and constraints to achieving seed security. Páginas 12-17 *em* Seed systems for the new millennium: Um plano de ação para

Tanzânia. Proceedings of the Stakeholder Review and Planning Workshop, 7-8 Dec 1999, Dar es Salaam (Monyo, E.S., Lumbadia, M.Z., Mgonga, M.A., Saadan, H.M., and Mitawa, G.M., eds). PO Box 776, Bulawayo, Zimbabwe: SADC/ICRISAT Sorghum and Millet Improvement Program.

Moses D.J e Kalton R.S, (1987) 'Marketing Research', 7th Edition, eaglewood Cliffs, New Jersey, Prentice Hall.

Mpofu, L. (2000) Institutionalizing participatory, client-driven research and development in agriculture. Documento apresentado na Reunião dos Cientistas Sociais do CGIAR. Haia. Haia, 15-22 de setembro.

Mukuyu, D. (1994) *Responding to the 1991/92 drought in Zambia: The programmee to prevent malnutrition (PPM).* Relief and Rehabilitation Network, Paper 2. Overseas Development Institute, Londres.

Mwaisela, F. (2000) Local seed systems: case study of Mpalanga village, Dodoma district. Pages 39-44 *in* Seed systems for the new millennium: Um plano de ação para a Tanzânia. Proceedings of the Stakeholder Review and Planning Workshop, 7-8 Dec 1999, Dar es Salaam (Monyo, E.S., Lumbadia, M.Z., Mgonga, M.A., Saadan, H.M., and Mitawa, G.M. eds). PO Box 776, Bulawayo, Zimbabwe: SADC/ ICRISAT Sorghum and Millet Improvement Program.

Mwaisela, F. e **Simbeye, J.M. (2000)** Community based seed supply systems network. Documento apresentado na Reunião de Partes Interessadas, 17 de junho de 2000, Centro de Conferências CCT, Dodoma, Tanzânia.

Mziray, M., Mushita, T.A. and **Maingu, S. (1999)** Christian Council of Tanzania refugee and emergency services evaluation report for SSMP in semi-arid areas in Tanzania: agosto de 1996 a setembro de 1998. Relatório do consultor. Dar es Salaam, Tanzânia: CCT (distribuição limitada).

Rohrbach, D (2007) *"The Distribution of Relief Seed and Fertilizer in Zimbabwe Lessons Derived from the 2003/04 Season,"* ICRISAT, Zimbawe

Rohrbach, D.D., Bishaw, Z., e **van Gastel, A.J.G.** (eds) **(1997)** Alternative strategies for smallholder seed supply. Actas de uma conferência internacional sobre opções para o reforço dos sistemas de sementes nacionais e regionais em África e na Ásia Ocidental, 10-14 de março de 1997, Harare, Zimbabué. Patancheru 502 324, Andhra Pradesh, Índia: ICRISAT. 288 pp.

Rusike, J., J. Howard, e M. Maredia. (1997) Seed sector evolution in Zambia and Zimbabwe: has farmer access improved following economic reforms? USAID. Michigan State University. pp.1-4.

Rutabanzibwa, A.P. and **Kirenga, G.I. (2000)** Policy and regulatory changes to the Tanzanian seed sector: institutional implications for the future availability of quality seed. Pages 31-38 *in* Seed systems for the new millennium: Um plano de ação para a Tanzânia. Proceedings of the Stakeholder Review and Planning Workshop, 7-8 Dec 1999, Dar es Salaam (Monyo, E.S., Lumbadia, M.Z., Mgonga, M.A., Saadan, H.M., and Mitawa, G.M. eds). PO Box 776, Bulawayo, Zimbabwe: SADC/ICRISAT Sorghum and Millet Improvement Program.

Saunders M (1997) 'Research Methods for Business Students', Londres, Pitman Publishing

Simfukwe, W., (2006) Farmers' maize seed system in Western Oromia, Ethiopia. Centro Internacional de Melhoramento do Milho e do Trigo (CIMMYT), México e Organização de Investigação Agrícola da Etiópia (EARO). 32

Tripp, R. (2001) Seed Provision and Agricultural Development. The Institutions of Rural Change. Oxford: James Currey.

Tripp, R. (2000) Strategies for seed system development in sub-Saharan Africa: a study of Kenya, Malawi, Zambia, and Zimbabwe. Série de Documentos de Trabalho No. 2. PO Box 776, Bulawayo, Zimbabwe: Socioeconomia e Programa de Políticas, ICRISAT.

Turner, E. J. e Turner, L. P. (1991) Measurement, Design, and Analysis: An Integrated Approach, Lawrence Erlbaum Assoc.

Zikmund (1997) Business Research Methods, The Dryden Press, Harcourt Brace College Publishers

APÊNDICES

APPENDIX I

421 29th Fechar

Hatcliffe

Harare

Data

Caro Senhor / Senhora

Como parte do meu programa de Mestrado em Gestão Estratégica na Universidade de Tecnologia de Chinhoyi, estou a realizar um estudo de investigação. Por isso, peço a vossa ajuda, fornecendo informações através deste questionário. Espera-se que os académicos e os intervenientes no sector agrícola utilizem os resultados desta investigação. A sua resposta será tratada com estrita confidencialidade e não será utilizada para outros fins que não os previstos para esta investigação.

A vossa cooperação/assistência e contribuição é muito apreciada.

Com os melhores cumprimentos

Takemore Chagomoka

APPENDIX II

QUESTIONÁRIO PARA PEQUENOS AGRICULTORES

1. Há quanto tempo se dedica à produção de sementes?

a) Menos de 1 ano [ ]

b) 1-6 anos [ ]

c) 6-10 anos [ ]

d) Mais de 10 anos [ ]

2. Qual é a sua perspetiva da indústria de sementes no Zimbabwe? **(Por favor assinale a opção apropriada)**

a) Crescente [ ]

b) Estável [ ]

c) Em declínio [ ]

d) Outro, especificar ____

Explique a sua resposta

---

3. Considera que as empresas de sementes estão a satisfazer a procura de sementes na economia?

a) Sim [ ]

b) Não [ ]

4. Quais são, na sua opinião, as razões pelas quais as empresas de sementes não conseguem satisfazer a procura de sementes na economia?

---

5. Existem intervenções para melhorar o fornecimento de sementes?

a) Sim [ ]

b) Não [ ]

6. Já ouviu falar de produção comunitária de sementes?

a) Sim [ ]

b) Não [ ]

7. Em caso de resposta afirmativa à pergunta anterior, está envolvido no programa?

a) Sim [ ]

b) Não [ ]

8. Qual é a sua opinião sobre os critérios de seleção do programa? **(Assinale a opção correta)**

a) Pobres [ ]

b) Justo [ ]

c) Bom [ ]

Explique a sua resposta

---

9. Acha que a produção comunitária de sementes ajuda a melhorar a disponibilidade de sementes?

a) Sim [ ]

b) Não [ ]

10. Em caso afirmativo, de que forma pensa que ajuda a melhorar a segurança das sementes?

---

11. Está a receber das empresas de sementes alguma formação ou educação no que diz respeito à produção de sementes?

a) Sim [ ]

b) Não [ ]

12. Que tipo de educação e formação está a receber?

___

13. Até que ponto a produção comunitária de sementes está a ser utilizada pelas empresas de sementes para melhorar a produção de sementes?

a) Menor extensão [ ]

b) Maior extensão [ ]

c) De modo algum [ ]

d) Outro, especificar ___

14. Que tipo de sistema de sementes é maioritariamente utilizado pelas empresas de sementes? **(Assinale a opção correta)**

a) Informal [ ]

b) Formal [ ]

15. Acha que a produção de sementes com base na comunidade é suficientemente eficaz para reduzir a escassez de sementes no país?

a) Sim [ ]

b) Não [ ]

16. Que deficiências (se houver) existem no sistema de produção de sementes de base comunitária que está em vigor?

___

17. Acha que as empresas de sementes estão a dar apoio adequado aos agricultores comunitários para a produção de sementes?

a) Sim [ ]

b) Não [ ]

Explique a sua resposta

___

Fim do questionário

Obrigado pelo esforço

APÊNDICE III

QUESTIONÁRIO PARA EMPRESAS DE SEMENTES

1. Há quanto tempo estão a produzir sementes?

a) Menos de 1 ano [ ]

b) 1-6 anos [ ]

c) 6-10 anos [ ]

d) Mais de 10 anos [ ]

2. Qual é a sua perspetiva da indústria de sementes no Zimbabwe? **(Por favor assinale a opção apropriada)**

a) Crescente [ ]

b) Estável [ ]

c) Em declínio [ ]

d) Outro, especificar ______________________________

Explique a sua resposta

____

3. Considera que as empresas de sementes estão a satisfazer a procura de sementes na economia?

a) Sim [ ]

b) Não [ ]

Em caso de resposta negativa à pergunta anterior, responder às perguntas 4 e 5

4. Quais são, na sua opinião, as razões para tal?

____

5. Existem intervenções para melhorar o fornecimento de sementes?

a) Sim [ ]

b) Não [ ]

6. Em caso afirmativo, que tipo de intervenções estão a ser efectuadas?

____

7. Já ouviu falar de produção comunitária de sementes?

a) Sim [ ]

b) Não [ ]

8. Até que ponto a produção comunitária de sementes está a ser utilizada pelas empresas de sementes para melhorar a produção de sementes?

a) Menor extensão [ ]

b) Maior extensão [ ]

c) De modo algum [ ]

d) Outro, especificar ______________________________

9. Que tipo de sistema de sementes é maioritariamente utilizado pelas empresas de sementes?

(Assinale a opção correta)

a) Informal [ ]

b) Formal [ ]

10. Acha que a produção comunitária de sementes é suficientemente eficaz para reduzir a escassez de sementes no país?

a) Sim [ ]

b) Não [ ]

11. Que critérios são usados para selecionar os pequenos agricultores para a produção de sementes de base comunitária?

12. Considera que os critérios que estão a ser utilizados são os melhores para chegar a uma produção comunitária de sementes eficaz?

a) Sim [ ]

b) Não [ ]

Explique a sua resposta

13. Que deficiências (se houver) existem no sistema de produção de sementes de base comunitária que está em vigor?

14. Que constrangimentos estão a ser enfrentados pelas empresas de sementes na produção de sementes comunitárias? **(Por favor, assinale todas as opções apropriadas)**

a) Falta de procura [ ]

b) Elevados custos de arranque da produção [ ]

c) A criação de canais de comercialização nas zonas rurais é dispendiosa [ ]

d) Programas de ajuda às sementes mal orientados [ ]

e) Regulamentação governamental incoerente [ ]

15. Acha que as empresas de sementes estão a dar apoio adequado aos agricultores comunitários para a produção de sementes?

a) Sim [ ]

b) Não [ ]

Explique a sua resposta

16. As empresas dão algum tipo de formação ou treino aos agricultores sobre a produção de

sementes?

a) Sim [ ]

b) Não [ ]

17. Pode recomendar formas de implementação de uma produção comunitária de sementes bem sucedida para melhorar a disponibilidade de sementes?

Fim do questionário

Obrigado pelo esforço

MIX
Papier aus verantwortungsvollen Quellen
Paper from responsible sources
FSC® C105338

Printed by Books on Demand GmbH, Norderstedt / Germany